养殖致富攻略·疑难问题精解

羊 病 防 控

YANGBING FANGKONG
130WEN

130问

余远迪　沈克飞　徐登峰　主编

中国农业出版社
北　京

编写人员

主　　编：余远迪　　沈克飞　　徐登峰

副 主 编：周淑兰　　张邑帆　　郑龙光　　陈春林

编　　者：余远迪　　沈克飞　　徐登峰　　周淑兰

张邑帆　　郑龙光　　陈春林　　楚常欢

付利芝　　付文贵　　何守平　　邱进杰

王可甜　　王孝友　　许国洋　　向宏宇

杨　柳　　杨　睿　　郑　华　　朱买勋

张素辉　　翟少钦　　周　雪

本书有关用药的声明

随着兽医科学研究的发展、临床经验的积累及知识的不断更新，治疗方法及用药也必须或有必要做相应的调整。建议读者在使用每一种药物之前，参阅厂家提供的产品说明书以确认推荐的药物用量、用药方法、所需用药的时间及禁忌等，并遵守用药安全注意事项。执业兽医有责任根据经验和对患病动物的了解决定用药量及选择最佳治疗方案。出版社和作者对动物治疗中所发生的损失或损害，不承担任何责任。

中国农业出版社

多年来，通过许多专家的实践和努力，羊的疫病防控工作取得了较好的成绩。然而，羊传染性疾病、寄生虫疾病与各种各样的其他疾病仍然威胁着养羊业的发展，成为养羊场（户）取得成功的障碍。国内外贸易和本行业发展所带来的羊及其产品的频繁流通，也可能会将疫病特别是一些烈性传染病或新的未知疾病带入，因此任何时候对疫病防控都不能掉以轻心。只有及时地诊断和有效防控这些疾病，方能确保养羊业的健康发展。为满足广大养羊专业场（户）技术人员、管理人员以及基层兽医工作者的需要，我们根据多年的羊病防控工作经验，编写了《羊病防控 130 问》一书。

本书针对羊的疾病发生、临床表现、诊断方法、防治措施以及药物使用知识、综合防疫技术等方面的一些常见问题，以问答形式进行了阐述。是一本对于广大养羊户（场）管理人员、技术人员、基层兽医工作者以及畜牧兽医大专院校学生均较为适用的工具书和参考书。该书针对性、实用性和可操作性强，叙述简洁、通俗易懂，易于应用，便于操作。

重庆市武隆区畜牧兽医局郑龙光、南川区畜牧兽医渔业局何守平、楚常欢、向宏宇为本书提供部分临床照片，在此致以深切的谢意！限于作者水平，书中不妥之处恳请读者批评指正。

希望本书能帮助广大养羊从业者增收致富，为提高养殖业科技水平，发展我国的农村经济，建设新农村，促进"三农"发展做出贡献！

编　者

2019 年 8 月

目录

CONTENTS

前言

第一章

羊病防控基础知识

1 羊有哪些解剖生理特点？

羊和牛都是草食性反刍多胃动物，与其他单胃动物相比，在解剖结构上差别主要在于消化系统。消化系统主要是胃结构的差别，羊有4个胃，分别为瘤胃、网胃、瓣胃和皱胃（图1-1和图1-2），其中瘤胃、网胃和瓣胃合称为前胃。而单胃动物只有一个胃。

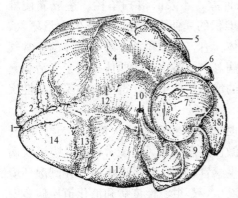

图1-1 羊的胃系统

1、2、3、4、11、12、13、14. 瘤胃及其沟囊 5. 脾 6. 食管 7. 瓣胃 8. 网胃 9. 皱胃 10. 十二指肠

图1-2 羊羔的胃

1. 食管 2. 瘤胃 3. 网胃
4. 瓣胃 5. 皱胃

反刍是羊重要的消化生理特点，即草食动物在食物消化前把食团吐出，经过再咀嚼和再咽下的活动。作用是使饲料进一步被磨

碎，同时使瘤胃保持一个极端厌氧、恒温（39～40 ℃）、pH 恒定（5.5～7.5）的环境，有利于瘤胃微生物生存、繁殖和进行消化活动。反刍停止是疾病的征兆。

羔羊出生后约 40 天开始出现反刍，在哺乳期间羔羊吮吸的母乳不通过瘤胃，而经瘤胃食管沟直接进入皱胃。在哺乳早期补饲易消化的植物性饲料，可促进前胃的发育和提前出现反刍行为。一般情况下，羊昼夜反刍的时间为 3～4 小时。

2 疾病与饲养管理有何关系？

疾病与饲养管理密切相关，疾病发生的原因主要有以下几个方面：

（1）放牧不当，饲料不适，不注意草料中蛋白质、维生素和微量元素等的供应，以及各种营养成分的合理搭配，羊会发生营养缺乏症或过多症等营养性疾病。

（2）管理不善和卫生条件差，不及时清扫羊栏，造成粪便堆积、垫草污秽不洁等情况，堆积的粪便发酵分解，产生大量氨气、二氧化碳和硫化氢等有害气体。有害气体积蓄，影响机体的正常气体交换，而发生呼吸系统疾病等，同时也为病原体提供了生活和繁殖的场所，导致病原微生物的增殖使传染病、寄生虫病等传染性疾病发生。

（3）在恶劣气候和灾害时如果饲养管理跟不上，如天气突变、寒冷、酷热等情况会诱发应激性疾病。寒风侵袭常引起呼吸道疾病的发生，气候突变羔羊常发生感冒、慢性呼吸道疾病；在潮湿环境中，饲料霉变，蚊、蝇、虱滋生，是虫源性疫病和消化道疾病多发的一个原因，在蚊、蝇、虱等大量繁殖的年份传染病也多发生。可见饲养管理的到位或不到位对疾病的发生有着本质的差别。

3 羊消化特点有哪些？其与疾病的发生有何关系？

羊是多胃动物，有瘤胃、网胃、瓣胃、皱胃 4 个胃。这 4 个胃既各司其职，又分工合作。瘤胃是食物的储存地，同时又利用其内的微生物和原虫所分泌的酶对食物进行初步消化和吸收，它和网胃的节律性蠕动又有将食物磨碎的功能；瓣胃主要起到机械压榨作用，对食物进行物理性消化；皱胃里面有腺体，相当于单胃动物的胃，具有分泌胃液的功能，胃液主要成分是盐酸和胃蛋白酶，对食物进行化学性消化。

瘤胃容积很大，远远大于其他 3 个胃的总和。瘤胃消化的主要是饲料中的碳水化合物，特别是粗纤维。在瘤胃的机械作用和微生物酶的综合作用下，碳水化合物（包括结构性和非结构性碳水化合物）被发酵分解，分解的终产物是低级挥发性脂肪酸（VFA）。

因为羊有 4 个胃，所以其消化系统的疾病就比单胃动物复杂。瘤胃所发生的疾病有瘤胃积食、瘤胃臌气等。网胃在几个胃的最前端，所以网胃被硬物刺伤的同时也容易刺伤心包膜而患创伤性网胃心包炎。瓣胃容易水分干燥而形成瓣胃阻塞。瘤胃、网胃、瓣胃三胃又合称为前胃，前胃易患前胃弛缓等，并且前胃患病容易导致与其相关的消化性疾病的发生。

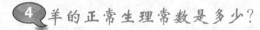

4 羊的正常生理常数是多少？

羊的各种正常生理指标见表 1-1。

表 1-1　羊的正常生理常数

序号	项　目	年　龄		正常指标
1	体温	绵羊	1 岁以上	38.5~40.0 ℃
			1 岁以下	38.5~40.5 ℃
		山羊	1 岁以上	38.5~40.5 ℃
			1 岁以下	38.5~41.0 ℃
2	脉搏	绵羊	1 岁以上	70~80 次/分钟
			1 岁以下	80~100 次/分钟
		山羊	1 岁以上	70~80 次/分钟
			1 岁以下	80~100 次/分钟

（续）

序号	项 目	年 龄	正常指标
3	呼吸	绵羊 大小一致	14～22 次/分钟
		山羊 大小一致	14～22 次/分钟
4	妊娠时间	绵羊 成年	150 天
		山羊 成年	150 天
5	血液总量占体重百分比	绵羊 成年	6.2%～8.0%
		山羊 成年	6.2%～8.0%
6	全血量	绵羊 成年	58 毫升/千克
		山羊 成年	70 毫升/千克
7	血浆量	绵羊 成年	31.5 毫升/千克
		山羊 成年	53.9 毫升/千克
8	血凝时间	绵羊 成年	5～8 分钟
		山羊 成年	6～11 分钟
9	血液密度	绵羊 成年	1 051 克/米^3
		山羊 成年	1 042.5 克/米^3
10	血液循环时间	绵羊 成年	5～8 秒
		山羊 成年	5～8 秒
11	红细胞数	绵羊 成年	858.8 万～1 164.4 万个/毫米^3
		山羊 成年	1 540.0 万～1 920.0 万个/毫米^3
12	白细胞数	绵羊 成年	0.6 万～1.2 万个/毫米^3
		山羊 成年	0.6 万～1.5 万个/毫米^3
13	血小板	绵羊 成年	25 万～75 万个/毫米^3
		山羊 成年	25 万～50 万个/毫米^3
14	血红蛋白	绵羊 成年	80～160 克/升
		山羊 成年	80～140 克/升

（续）

序号	项目	年龄		正常指标
15	红细胞寿命	绵羊	成年	70～153 天
		山羊	成年	125 天
16	体内平均 pH	绵羊	成年	7.44
		山羊	成年	7.36
17	动脉血压	绵羊	成年	最高压 11 989～18 665 帕
				最低压 8 533～10 132 帕
		山羊	成年	最高压 14 932～16 799 帕
				最低压 10 132～13 199 帕

5 如何识别病羊？

（1）临床检查　方法主要有问诊、视诊、嗅诊、触诊、叩诊、听诊。问诊：主要是向畜群主人问情况。视诊：即用肉眼或借助简单器械观察羊有无病理现象。视诊主要内容包括病羊的放牧、采食、运动、膘情、被毛、皮肤、黏膜和粪便等。嗅诊：是利用嗅觉嗅闻发自动物的异常气味（如呼出气、口腔、排泄物和病理性分泌物的气味）来判断羊只有无疾病。触诊：是用手指、手掌或拳头触压被检部位，感知其硬度、温度、压痛、移动性和表现状态，以确定病变的位置、大小和性质（检查时对羊的保定方法如图1-3、图1-4、图1-5及彩图1、彩图2、彩图3所示）。叩诊：是通过用手指或叩诊器（叩诊锤和叩诊板），叩打羊的体表相应部位所发出不同的声音，判断其被叩击的组织、器官有无病理变化的一种诊断方法。听诊：有直接听诊法、间接听诊法。

图1-3　握角骑跨夹持保定法

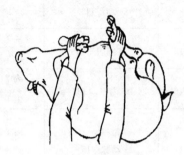

图 1-4 两手围抱保定法　　图 1-5　倒卧保定法

（2）病理剖检　病理剖检是现场诊断羊病的一种重要方法。羊发生传染病、寄生虫病或中毒性疾病时，器官和组织常呈现出特征性病理变化，通过剖检可以直接观察到各器官的病理变化，迅速作出诊断。在实践中，有条件时应尽可能剖检病羊尸体，必要时可剖杀典型病羊。除肉眼观察外，必要时采取病料，进一步做病理组织学检查。

（3）实验室诊断　主要是对血液、尿液常规、粪便的检查和微生物学检验。

通过以上这些处理一般都能发现和诊断病羊。

6　羊的给药方式有哪些？

羊的给药方式有：①口服。②注射：注射又分皮内注射、皮下注射（彩图4）、肌内注射和静脉注射等。③灌服给药：有通过胃注药和灌肠注药两种方式。④瘤胃穿刺注药。⑤腹腔穿刺注药。⑥气管注药。⑦皮肤表层涂药。在防治羊病的过程中，应根据病情，药物的性质，羊只的大小、数量等选择适当的给药方式。

7　羊常用疫苗有哪些？

免疫接种是激发机体产生特异性抵抗力，使其对某种传染病从易感转化为不易感的一种手段。目前，我国用于预防羊主要传染病的疫苗有以下几种（表1-2）。

表1-2 羊的常用疫苗

疫苗名称	预防的疾病	疫苗名称	预防的疾病
无毒炭疽芽孢苗	羊炭疽	羊厌氧菌氢氧化铝甲醛五联灭活疫苗	羊快疫、羔羊痢疾、猝狙、肠毒血症和黑疫
第Ⅱ号炭疽芽孢苗		肉毒梭菌（C型）灭活苗	羊肉毒梭菌中毒症
炭疽芽孢氢氧化铝佐剂苗		山羊传染性胸膜肺炎氢氧化铝灭活疫苗	由丝状支原体山羊亚种引起的山羊传染性胸膜肺炎
布鲁氏菌猪型2号疫苗	羊布鲁氏菌病	羊肺炎支原体氢氧化铝灭活苗	绵羊、山羊由绵羊肺炎支原体引起的传染性胸膜肺炎
布鲁氏菌羊型5号弱毒冻干疫苗		羊痘鸡胚弱毒苗	绵羊痘，也可用于预防山羊痘
破伤风明矾沉降类毒素	破伤风	山羊痘弱毒疫苗	山羊痘和绵羊痘
破伤风抗毒素	破伤风（供羊紧急预防或防治用）	兽用狂犬病ERA株弱毒细胞苗	狂犬病
羊快疫、猝狙、肠毒血症三联灭活疫苗	羊快疫、猝狙、肠毒血症	伪狂犬病弱毒细胞苗	羊伪狂犬病
羔羊痢疾灭活疫苗	羔羊痢疾	羊链球菌病活疫苗	败血性链球菌病
羊黑疫、快疫混合灭活疫苗	羊黑疫和快疫	羔羊大肠杆菌病灭活苗	羔羊大肠杆菌病

免疫接种须按合理的免疫程序进行，各地区、各羊场可能发生的传染病不止一种，而可以用来预防这些传染病的疫苗的性质又不尽相同，免疫期长短不一。因此，羊场往往需用多种疫苗来预防不同的病，也需要根据各种疫苗的免疫特性来合理安排免疫接种的次

数和间隔时间，这就是免疫程序。目前，还没有一个统一的羊免疫程序，只能在实践中总结经验，制定出合乎本地区、本羊场具体情况的免疫程序。

⑧ 羊常规的免疫接种方法有哪些？免疫接种时应注意什么？

（1）常规的免疫接种方法

① 肌内注射法。适用于接种弱毒疫苗或灭活疫苗，注射部位在臀部及颈部两侧，一般使用16～20号针头。

② 皮下注射法。适用于接种弱毒疫苗或灭活疫苗，注射部位在股内侧、肘后。用大拇指及食指捏住皮肤，注射时确保针头插入皮下，为此，进针后摆动针头，如感到针头摆动自如，推压注射器的推管，药液极易进入皮下，无阻力感。如插入皮内，则摆动针头时带动皮肤，且推动药液时可感到有阻力，应重新插入注射。

③ 皮内注射法。注射部位为颈外侧和尾根皮肤皱襞，用蓝心玻璃注射器及14～16号针头。注射部位如有被毛的应先将其剪去，必要时清洗注射部位的污垢。用酒精棉球消毒后，左手拇指与食指顺皮肤的皱纹，从两边平行捏起一个皮褶，右手持注射器使针头与注射平面平行刺入，即可刺入皮肤的真皮层中。注意刺时宜慢，以防刺出表皮或深入皮下。同时，注射药液后在注射部位有一豌豆大或蚕豆大小泡，且小泡会随皮肤移动，则证明切实注入皮内。然后用酒精棉球消毒针孔及周围皮肤。如做羊的尾根皮内注射，应将尾翻转，注射部位用酒精棉球消毒后，以左手拇指和食指将尾根皮肤绷紧，针头以与皮肤平行方向慢慢刺入，并缓缓推入药液，如注射处有一豌豆大小的小泡，即表示注射成功。目前此法一般适用于羊痘弱毒疫苗等少数疫苗。

④ 口服法。将疫苗均匀地混于饲料或饮水中经口服后而获得免疫，适用于免疫数量较多的羊群。口服时要按羊只数和每只羊的

平均饮水量及吃食量，准确计算应加入疫苗的用量。

⑤气雾免疫。每立方米用 50 亿菌喷雾后羊群需在室内停留 30 分钟，如在室外进行气雾免疫，疫苗用量按羊的只数计算，即每只羊用 50 亿菌，喷雾后羊群需在原地停留 20 分钟。

（2）免疫接种注意事项

①要准备好预防接种的表格和给羊编号的器具，注射完毕后发给饲养人员。

②兽医人员接种时需穿工作服和胶鞋，必要时戴口罩，工作前后均需洗手消毒，工作中不吸烟和吃食物。

③接种时应严格执行消毒及无菌操作，注射器、针头、镊子等用毕后浸泡于消毒液中至少 1 小时，洗净擦干后用白布分别包好煮沸 15 分钟。冷却后，再在无菌条件下装配注射器，包以消毒纱布，放入消毒盒内待用。

④疫苗使用前必须充分振荡，使其均匀混合，免疫血清则不应振荡，沉淀不应吸取，并须随吸随注射。须经稀释后才能使用的疫苗，应按说明书的要求进行稀释。已经打开或稀释的疫苗，必须当天用完，未用完的处理后弃去。

⑤每注射一只羊换一个针头，或者每注射一栏、一窝换一个针头，以防针头带菌。

⑥口服免疫时还需注意的问题有：a. 免疫前应停饮或停喂半天，以保证饮喂疫苗时每只羊都能饮一定量的水或吃入一定量的饲料。b. 稀释疫苗的水应用纯净的冷水，不能用含有消毒药的水，在饮水中最好加入 0.1% 的脱脂奶粉。c. 混有疫苗的饲料或饮水的温度，以不超过室温为宜。d. 疫苗混入饲料或饮水后，必须迅速口服，不能超过 2 小时，最好在清晨使用，还应注意避免疫苗暴露在阳光下。e. 用于口服的疫苗必须是高效价的。

9 羊的常用疫苗保存和使用应注意哪些事项？

羊常用疫苗的保存、使用方法及注意事项见表 1-3。

表1-3　羊常用疫苗的保存、使用方法及注意事项

疫苗名称	使用方法	注意事项及保存条件
无毒炭疽芽孢苗	每只绵羊皮下注射0.5毫升	山羊不能用；2~8℃保存
第Ⅱ号炭疽芽孢苗	每只绵羊、山羊均皮下注射1毫升	2~8℃保存
炭疽芽孢氢氧化铝佐剂苗	使用时，以1份浓苗加9份20%氢氧化铝胶稀释剂，充分混匀后即可注射	使用该疫苗一般可减轻注射反应；2~8℃保存
布鲁氏菌猪型2号疫苗	山羊、绵羊臀部肌内注射0.5毫升（含菌50亿）；饮水免疫时，用量按每只羊服200亿菌体计算，2天内分2次饮服；都能饮用一定量的水	1月龄以下羔羊和怀孕羊暂不注射，在饮服疫苗前，一般应停止饮水半天，以保证每只羊应当用冷的清水稀释疫苗，并应迅速饮喂，疫苗从混入水内到进入羊体内的时间越短，效果越好；2~8℃保存
布鲁氏菌羊型5号疫苗	气雾免疫：每立方米用50亿菌喷雾后羊群需在室内停留30分钟，如在室外进行气雾免疫，疫苗用量按羊的只数计算，即每只羊用50亿菌，喷雾后羊群需在原地停留20分钟 本苗也可供注射或口服用。注射时，将疫苗稀释成每毫升含菌50亿，每只羊皮下注射10亿菌；口服时，每只羊的用量为250亿菌	在使用此疫苗进行羊气雾免疫时，操作人员需注意个人防护，应穿工作衣裤和胶靴，戴大而厚的口罩，如不慎被感染，应及时就医；2~8℃保存
破伤风明矾沉降类毒素	绵羊、山羊各颈部皮下注射0.5毫升。平时均为1年注射1次；遇有羊受伤时，再用相同剂量注射1次，若羊受伤严重应同时在另一侧颈部皮下注射破伤风抗毒素，即可防止发生破伤风	2~8℃保存；有效期3年

（续）

疫苗名称	使用方法	注意事项及保存条件
破伤风抗毒素	皮下或静脉注射治疗时可重复注射一至数次。预防剂量 1 200～3 000 抗毒单位；治疗剂量 5 000～20 000 抗毒单位	2～8℃保存
羊快疫、猝狙、肠毒血症三联灭活疫苗	成年羊和羔羊一律皮下或肌内注射 5 毫升	2～8℃保存；有效期 2 年
羔羊痢疾灭活疫苗	怀孕母羊分娩前 20～30 天第一次皮下注射 2 毫升，第二次于分娩前 10～20 天皮下注射 3 毫升	经乳汁可使羔羊获得母源抗体，2～8℃保存
羊黑疫、快疫混合灭活疫苗	氢氧化铝灭活疫苗，羊不论年龄大小均皮下或肌内注射 3 毫升	2～8℃保存
羔羊大肠杆菌病灭活苗	3 月龄至 1 岁的羊，皮下注射 2 毫升；3 月龄以下的羔羊，皮下注射 0.5～1.0 毫升	2～8℃保存；有效期 18 个月
羊厌氧菌氢氧化铝甲醛五联灭活疫苗	羊不论年龄大小均皮下或肌内注射 5 毫升	2～8℃保存
肉毒梭菌（C 型）灭活苗	绵羊皮下注射 4 毫升	2～8℃保存
山羊传染性胸膜肺炎氢氧化铝灭活疫苗	皮下注射，6 月龄以下的山羊 3 毫升，6 月龄以上的山羊 5 毫升	本品限于疫区内使用。注射前应逐只检查体温和健康状况，凡发热有病的不予注射。注射后 10 日内要经常检查，有反应者，应进行治疗。本品用前应充分摇匀，切忌冻结。2～8℃保存
羊肺炎支原体氢氧化铝灭活苗	颈侧皮下注射，成年羊 3 毫升，6 月龄以下幼羊 2 毫升	2～8℃保存；有效期 1 年

（续）

疫苗名称	使用方法	注意事项及保存条件
羊痘鸡胚弱毒苗	冻干苗按瓶签上标注的疫苗量，用生理盐水25倍稀释，振荡均匀，羊不论年龄大小，一律皮下注射5毫升	-15℃保存，有效期2年；2~8℃保存，有效期18个月；具体见疫苗的说明
山羊痘弱毒疫苗	皮下注射0.5~1毫升	-15℃保存，有效期2年；2~8℃保存，有效期18个月
兽用狂犬病ERA株弱毒细胞苗	每瓶稀释10毫升，每只肌内或皮下注射2毫升	-15℃保存，有效期2年；2~8℃保存，有效期9个月；10~30℃保存，1个月
伪狂犬病弱毒细胞苗	冻干苗先加3.5毫升中性磷酸盐缓冲液稀释，再稀释20倍。4月龄以上至成年绵羊肌内注射1毫升	-15℃保存，有效期2年；2~8℃保存，有效期9个月
羊链球菌病活疫苗	注射用苗以生理盐水稀释，气雾用苗以蒸馏水稀释。每只羊尾部皮下注射1毫升（含50万活菌），2岁以下羊用量减半。露天气雾免疫每头剂量3亿活菌，室内气雾免疫每头剂量3 000万活菌	2~8℃保存

10 怎样采集、保存和送检病羊病料？

　　采集病料主要是指羊群发生疑似传染病，临床不能或难以确诊时采集相关病料送相关实验室检查。而病料的采集、保存和运送是否正确对疾病的诊断非常重要。

　　（1）病料的采集　根据不同传染病，相应地采取该病常受侵害的脏器或内容物，如败血性传染病可采取心、肝、脾、肺、肾、淋巴结、胃、肠等；肠毒血症采集小肠及其内容物；有神经症状的采集脑和脊髓等，无法判定时则进行全面采取。注意病料采集应在死亡 6 小时内进行，采集时应无菌操作，并且对急性死亡病例，如怀疑是炭疽则不可随意剖解。

（2）病料的保存 对细菌检查材料用装有饱和氯化钠或 30％的甘油缓冲盐水的容器，放入后加塞封口，病料如为液体装在密封的玻璃管或试管中运送。饱和氯化钠溶液的配制：蒸馏水 100 毫升、氯化钠 38～39 克充分搅拌溶解后，用数层纱布过滤，高压灭菌后备用。30％的甘油缓冲盐水溶液的配制：中性甘油 30 毫升、氯化钠 0.5 克、碱性磷酸钠 1 克，加蒸馏水 100 毫升，混合后高压灭菌备用。病毒检验材料用装有 50％甘油缓冲盐水或鸡蛋生理盐水的容器，放入后加塞封口。50％甘油缓冲盐水的配制：氯化钠 2.5 克、酸性磷酸钠 0.46 克、碱性磷酸钠 10.74 克，溶于 100 毫升中性蒸馏水中，加纯中性甘油 150 毫升、中性蒸馏水 50 毫升混合后高压灭菌备用。鸡蛋生理盐水的配制：鸡蛋表面消毒后打开将内容物倾入灭菌容器内，按 9：1 份灭菌生理盐水摇匀后用灭菌纱布过滤，再加热至 56～58 ℃持续 30 分钟，第 2 天及第 3 天按上述方法再加热一次，即可应用。病理组织学检验材料：将脏器组织块放入 10％甲醛溶液或 95％酒精中固定。固定液的用量应为送检病料的 10 倍以上。如用 10％甲醛溶液应在 24 小时后更换新鲜溶液一次。严冬季节为防病料冻结，可将上述固定好的组织块取出保存于甘油和 10％甲醛溶液等量混合液中。

（3）病料的运送 装料的容器要逐个标号，详细记录，并附病料送检单。对危险材料、怕热、怕冻的材料要分别采取措施。一般供病原学检验的材料怕热，病理学检验的材料怕冻。前者应放入加有冰块的保温瓶内送检，如无冰块可在保温瓶内放入氯化铝 450～500 克，加水 1 500 毫升。上层放病料，包装好后尽快运送，远距离空运为宜。

11 羊场如何做好疫病防控工作？

要做好羊场的防病工作首先要给羊群建立合适的防疫体系，在制定和建立防疫体系时应以预防为主，防重于治，确立疫病的多因论观点，采用综合性防疫措施，切断传染病的流行环节，制订兽医保健防疫计划。其内容应包含以下几个方面：

（1）加强饲养管理方面

① 坚持自繁自养。羊场或养羊专业户应选养健康的良种公羊和母羊，自行繁殖，以提高羊的品质和生产性能，增强对疾病的抵抗力，并可减少入场检疫的劳务，防止因引入新羊带来病原体。

② 合理组织放牧。牧草是羊的主要饲料，放牧是羊群获得其营养需要的重要方式。因此，合理组织放牧，与羊的生长发育好坏和生产性能的高低有着十分密切的关系。应根据农区、牧区草场的不同情况，以及羊的品种、年龄、性别的差异，分别编群放牧。为了合理利用草场，减少牧草浪费和减少羊群感染寄生虫的机会，应推行划区轮牧制度。

③ 适时进行补饲。羊的营养需要主要来自放牧，但当冬季草枯、牧草营养下降或放牧采食不足时，必须进行补饲，特别是对正在发育的幼龄羊、怀孕期和哺乳期的成年母羊补饲尤其重要。种公羊如仅靠平时放牧，营养需要难以满足，在配种期更需要保证较高的营养水平。因此，种公羊多采取舍饲方式，并按饲养标准喂养。

④ 妥善安排生产环节。养羊的主要生产环节是：鉴定、剪毛、梳绒、配种、产羔和育羔、羊羔断奶和分群。每一生产环节的安排，都应在较短时间内完成，以尽可能增加有效放牧时间，如某些环节影响放牧，要及时给予适当的补饲。

（2）搞好环境卫生　搞好环境卫生是为了净化周围环境，减少病原微生物滋生和传播的机会，对羊的圈舍、活动场地及用具等，要经常保持清洁、干燥；粪便及污物要做到及时清除，并堆积发酵；防止饲草、饲料发霉变质，尽量保持新鲜、清洁、干燥；固定牧业井，或以流动的河水作为饮用水，有条件的地方可建立自动卫生饮水处，以保证饮水的卫生。此外，还应注意消灭蚊蝇，防止鼠害等。

（3）搞好消毒工作　消毒能有效防止羊传染病的发生和传播。常用的方法有物理消毒法和化学消毒法。物理性消毒，即清扫或刷洗，机械清扫是搞好羊舍环境卫生最基本的一种方法。化学性消毒，即消毒药喷洒或熏蒸。

（4）做好免疫接种 免疫接种是一种主动保护措施，通过激活免疫系统，建立免疫应答，使机体产生足够的抵抗力，从而保证群体不受病原侵袭。免疫接种的效果受接种时间、剂量、注苗部位、疫苗质量等因素的影响，所以在做免疫程序的时候还得考虑这些因素。

（5）定期驱虫 定期驱虫是治疗和预防羊各种疾病的一项重要措施，同时能避免羊在轻度感染后的进一步发展而造成严重危害。驱虫时机，要根据当地羊寄生虫的季节动态调查而定，一般可在每年的3～4月及12月至翌年1月各安排一次。这样有利于羊的抓膘及安全越冬和度过春乏期。常用驱虫药的种类很多，如有驱除多种线虫的左旋咪唑，可驱除多种绦虫和吸虫的吡喹酮，可驱除羊体内蠕虫的阿苯达唑、芬苯达唑、甲苯咪唑，以及既可驱除体内线虫又可杀灭多种体表寄生虫的依维菌素等。绵羊驱虫前要禁食，但时间不能过长，只要夜间不放不喂，早晨空腹投药即可。药浴是防治羊体外寄生虫病，特别是防治羊螨病的有效措施。一般可选择每年剪毛或抓绒后的7～10天进行。常用的药物有：螨净、胺丙畏、双甲脒、溴氰菊酯等配成所需浓度的水乳剂。药浴可在浴池内或使用特制的药淋装置，也可以人工抓羊在大盆或大锅内进行。药液温度一般为36～39℃，并随时补充新药液，以保证药液的有效浓度。

（6）检疫 检疫就是根据国家和地方政府的规定，应用各种诊断方法（临床的、实验室的），对羊及其产品进行疫病检查，并采取相应的措施，以防疫病的发生和传播。

（7）发生传染病时的措施 羊群发生传染病时，应立即采取一系列紧急措施，就地扑灭，以防疫情扩大。① 兽医人员要立即向上级部门报告疫情。②立即将病羊和健康羊隔离（分离病健羊模式如图1-6所示），不让它们有任何接触，以防健康家畜受到传染。③对于发病前与病羊有过接触的羊（无临床症状）一般叫作可疑感染羊，不能同其他健康羊在一起饲养，必须单独喂养，经过20天以上的观察不发病时，才能与健康羊合群。④如出现病状的羊，则按病羊处理，对已隔离的病羊，要及时进行药物治疗。⑤隔离场所禁止人、畜出入和接近，工作人员出入应遵守消毒制度。⑥隔离区的用具、饲料、粪便等，未经彻底消毒不得运出。⑦没有治疗价值的病羊，由兽医根据国家规定进行严格处理，病羊尸体要焚烧或深埋，不得随意抛弃。⑧对健康羊和可疑感染羊，要进行疫苗紧急接种或药物进行预防性治疗。⑨发生口蹄疫、羊痘等急性烈性传染病时，应立即报告有关部门，划定疫区，采取严格的隔离封锁措施，并组织力量尽快扑灭。

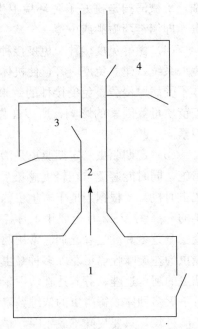

图1-6 羊群检查通道和分羊栏示意图
1. 待检羊圈   2. 赶羊通道
3. 病羊分离圈   4. 健康羊分离圈

羊群检查通道和分羊栏示意图见图1-6。

12 羊场常用的消毒药物有哪些？

羊场常用的消毒药物有：

（1）氧化钙（生石灰） 白色或灰白色硬块，无臭，易吸收水分，在空气中能吸收二氧化碳，渐渐变成碳酸钙而失效。氧化钙与水混合，生成氢氧化钙。对大多数繁殖型病菌有较强的消毒作用，但对炭疽芽孢无效。加水配成10%～20%石灰乳，涂刷厩舍墙壁、畜栏和地面消毒。氧化钙1千克加水350毫升，生成消石灰的粉末，可撒布在阴湿地面、粪池周围及污水沟等处消毒。

（2）碘伏（强力碘） 棕红色液体无味、无刺激，毒性较低。

杀菌作用持久，能杀死病毒、细菌、细菌芽孢、真菌及原虫等。可用于畜舍、饲槽、饮水、皮肤和器械等的消毒。用5%溶液喷洒消毒畜舍，每立方米用药3～9毫升；5%～10%溶液刷洗或浸泡消毒室内用具、手术器械等。每升饮水加原药液15～20毫升，饮用3～5天，防治家畜肠道传染病。

（3）氢氧化钠（苛性钠） 白色块状、棒状或片状结晶，易溶于水及酒精，极易潮解，在空气中易吸收二氧化碳，形成碳酸盐。应密封保存。对机体组织细胞有腐蚀作用。对细菌繁殖体、芽孢、病毒都有很强的杀灭作用，对寄生虫卵也有杀灭作用。2%热溶液用于被病毒和细菌污染的厩舍、饲槽和运输车船等的消毒；3%～5%溶液用于炭疽芽孢污染的场地消毒；5%溶液用于腐蚀皮肤赘生物、新生角质等。

（4）二氯异氰尿酸钠（优氯净、消毒威） 白色晶粉，有氯臭。易溶于水，水溶液显酸性，稳定性差。杀菌力较氯胺强，对细菌繁殖体、芽孢、病毒、真菌孢子均有较强的杀灭作用。用于水、加工器具及餐具、食品、车辆、厩舍、用具等的消毒。以有效氯含量计算消毒浓度，饮水浓度0.5克/千克，厩舍、用具、车辆消毒浓度50～100毫克/千克。消毒灵为优氯净加稳定剂的专用制剂，0.25%～0.5%溶液（含有效氯125～250毫克/千克），消毒厩舍、车辆、用具等。

（5）漂白粉（氯石灰） 白色颗粒状粉末，有氯臭。微溶于水和醇，久露在空气中，能吸收水分潮解失效。新制漂白粉含有效氯25%～30%。遇水产生次氯酸，可放出活性氯和初生态氧，呈现杀菌作用。能杀灭细菌、芽孢、病毒及真菌。其杀菌作用强，但不持久。在酸性环境中杀菌作用强，碱性环境中杀菌作用减弱。用于厩舍、畜栏、饲槽、车辆等的消毒。用5%～20%混悬液喷洒，也可用干粉末撒布。每升水中加0.3～1.5克，用于饮水消毒。不能用于金属制品及有色棉织物的消毒。用时现配，久贮易失效。保存于阴暗、干燥处，不可与易燃、易爆物品放在一起。

（6）三氯异氰尿酸 白色结晶性粉末或粒状固体，具有强烈的氯气刺激味，是一种极强的氧化剂和氯化剂，具有高效、广谱、较为安全的消毒作用，对细菌、病毒、真菌、芽孢等都有杀灭作用，对球虫卵囊也有一定杀灭作用。用于环境、饮水、饲槽等的消毒。用粉剂配制 4～6 毫克/千克浓度饮水消毒，用 200～400 毫克/千克浓度的溶液进行环境、用具消毒。

（7）新洁尔灭　无色或淡黄色胶状液体，易溶于水。季铵盐类消毒药，具有较强的杀菌作用，对病毒效力差。对组织刺激性较小。0.1％溶液消毒手、皮肤、器械；0.01％～0.05％溶液消毒黏膜及伤口。

（8）农福　酸类消毒剂。对病毒、细菌、真菌、支原体等都有杀灭作用。常规喷雾消毒作 1∶200 稀释，每平方米使用稀释液 300 毫升；多孔表面或有疫情时，作 1∶100 稀释，每平方米使用稀释液 300 毫升；消毒池作 1∶100 稀释，至少每周更换一次。

（9）醋酸　酸类消毒剂，用于空气熏蒸消毒，按每立方米空间 3～10 毫升，加 1～2 倍水稀释，加热蒸发。可带畜、禽消毒，用时须密闭门和窗。

（10）二氧化氯消毒剂　卤素类消毒剂，是国际上公认的新一代广谱强力消毒剂，被世界卫生组织列为 A_1 级高效安全消毒剂，杀菌能力是氯气的 3～5 倍。可应用于畜禽活体、饮水、鲜活饲料消毒保鲜、栏舍空气、地面、设施等环境消毒、除臭。本品使用安全、方便，消杀除臭作用强，单位面积使用价格低。

（11）百毒杀　双链季铵盐广谱杀菌消毒剂。无色、无味、无刺激和无腐蚀性，可带畜消毒。配制成 0.03％或相应的浓度用于圈舍、环境、用具、种蛋、孵化室的消毒，0.01％的浓度用于饮水消毒。

（12）菌毒灭　复合双链季铵盐灭菌消毒剂，具有广谱、高效、无毒等特点，对病毒、细菌、霉菌及支原体等病原体都有杀灭作用；饮水作 1∶（1 500～2 000）稀释；日常对环境、栏舍、器械消毒（喷雾、冲洗、浸泡）作 1∶（500～1 000）稀释；发病时作 300 倍稀释。

13 如何做好羊场的消毒工作?

（1）圈舍消毒 消毒方法是将消毒液盛于喷雾器内按一定的顺序进行，一般从远离门处开始，以地面、墙壁、棚顶的顺序喷洒，最后再将地面喷洒一次。然后再开门窗通风，用清水刷洗饲槽、用具，将消毒药味除去。消毒液的用量，以羊舍内每平方米用1升药液计算。常用的消毒药有10%～20%的石灰乳、10%的漂白粉溶液、0.5%～1.0%菌毒敌、0.5%～1.0%二氯异氰尿酸钠（以此药为主要成分的商品消毒剂有强力消毒灵、灭菌净、抗毒威等）、0.5%过氧乙酸等。如羊舍有密闭条件，可关闭门窗，用福尔马林熏蒸消毒12～24小时，然后开窗通风24小时。福尔马林的用量为每立方米空间12.5～50毫升加等量水一起加热蒸发，无热源时，可加入高锰酸钾（每立方米7～25克），即可产生高热蒸发。在一般情况下，羊舍消毒每年进行两次（春秋各一次）。产房的消毒，在产羔前应进行一次，产羔高峰时进行多次，产羔结束后再进行一次。病羊舍、隔离舍的出入口处应放置浸有消毒液的麻袋片或草垫，消毒液可用2%～4%氢氧化钠、1%的菌毒敌或用10%的克辽林溶液。

（2）地面土壤消毒

生物和物理消毒：羊场或放牧区被某种病原体污染，可疏松土壤，增强微生物间的颉颃作用，使其充分接受阳光中紫外线的照射。另外，种植冬小麦、黑麦、葱蒜、三叶草、大黄等植物，可杀灭土壤中的病原微生物，使土壤净化。

化学消毒：土壤表面可用10%的漂白粉溶液、4%的福尔马林溶液或10%的氢氧化钠溶液。停放过芽孢杆菌所致传染病（如炭疽）病羊尸体的场所，应严格加以消毒，首先用上述漂白粉溶液喷洒地面，然后将表层土壤掘起30厘米左右，撒上干燥漂白粉，并与土壤混合，将此表土妥善运出掩埋。其他传染病所污染的地面土壤，则可先将地面翻一下，深度约30厘米，在翻地的同时撒上干漂白粉（用量为每平方米0.5千克），然后用水洇湿，压平。

（3）粪便消毒

掩埋法：将粪便与漂白粉或新鲜的生石灰混合，深埋于地下，一般埋的深度在 2 米左右。

焚烧法：此法只用于消毒患烈性传染病羊的粪便。具体做法是挖一个坑，深 75 厘米、宽75～100 厘米，在距坑 40～50 厘米处加一层铁炉底。如果粪便潮湿，可混合一些干草，以利于燃烧。

化学消毒法：适用的化学消毒剂有漂白粉或 10%～20% 漂白粉溶液、0.5%～1% 的过氧乙酸、5%～10% 硫酸苯酚合剂、20% 的石灰乳等。使用时应注意搅拌，使消毒剂浸透混匀。由于粪便中有机物含量较高，因此不宜使用凝固蛋白质性能强的消毒剂，以免影响消毒效果。

生物消毒法：是粪便消毒最常用的方法。羊粪常用堆积的方法进行生物热发酵，在距人、羊的房舍、水池和水井 100～200 米，且无斜坡通向任何水池的地方进行。挖一宽 1.5～2.5 米、两侧深度各 20 厘米的坑，由坑底到中央有大小不等倾斜度，长度视粪便量的多少而定。先将非传染性的粪便或干草堆至 25 厘米高，其上堆积欲消毒的粪便、垫草等，高达 1～1.5 米。在粪堆外再堆上 10 厘米厚的非传染性粪便或谷草，并抹上 10 厘米厚的泥土。密封发酵2～4 个月，可用作肥料。

（4）**污水消毒**　最常用的方法是将污水引入污水处理池，加入化学药品（如漂白粉或其他氯制剂）进行消毒，用量视污水量而定，一般 1 升污水用 2～5 克漂白粉。

（5）**皮毛消毒**　羊患炭疽、口蹄疫、布鲁氏菌病、羊痘、坏死杆菌病等，其羊皮、羊毛均应消毒。应当注意，羊患炭疽时，严禁从尸体上剥皮，在贮存的原料皮中即使发现一张患炭疽的羊皮，也应将整堆与它接触过的羊皮进行消毒。皮毛的消毒，目前广泛利用环氧乙烷气体消毒法。消毒时必须在密闭的专用消毒室或密闭良好的容器内进行。在室温 15℃ 时，每立方米密闭空间使用环氧乙烷 0.4～0.8 千克，维持 12～48 小时，相对湿度在 30% 以上。此法对细菌、病毒、霉菌均有良好的消毒效果，对皮毛等产品中的炭疽芽孢也有较好的消毒作用。

（6）兽医诊疗室的消毒 兽医诊疗室的地面、墙壁等，在每次诊疗前后应用 3%～5% 来苏儿溶液进行消毒。室内尤其是手术室内空气，可用紫外线在手术前或手术间歇进行照射，也可使用 1% 漂白粉澄清液或 0.2% 过氧乙酸作空气喷雾，有时也用乳酸、福尔马林等加热熏蒸。有条件时采用空气调节装置，以防空气中的微生物降落于创口或器械表面，引起创口感染。诊疗过程中的废弃物，如棉球、棉拭污物、污水等，应集中进行焚烧、生物热发酵处理，不可乱倒乱抛。被病原体污染的诊疗场所，在诊疗结束后应进行彻底消毒，推车可用 3% 的漂白粉澄清液、5% 的来苏儿水或 0.2% 过氧乙酸擦洗或喷洒。室内空气用福尔马林熏蒸，同时打开紫外线灯照射，2 小时后打开门窗通风换气。

14 治疗羊病的用药原则有哪些？

在临床上治疗某种疾病时，常有数种药物可以选用。但究竟采用哪种最为恰当，可根据以下原则和方面进行考虑决定。

（1）疗效好 为了尽快治愈疾病，应选择疗效好的药物。如治疗羔羊痢疾，四环素、氨苄青霉素、小檗碱、氟苯尼考都可采用，但以氟苯尼考疗效最好，可以作为首选药物。

（2）不良反应小 有的药物疗效虽好，但毒副作用严重，选药时不得不放弃，而改用疗效虽稍差但毒副作用小的药物。例如，可待因止咳效果很好，但因有抑制呼吸等副作用，所以一般不用。

（3）价廉易得 动物是有一定经济价值的，治疗动物疾病，必须精打细算，应选择那些疗效确实又价低易得的药物。例如，用磺胺类治疗全身感染，多选用磺胺嘧啶，而少用硝胺甲基异噁唑。

15 羊病常见的用药误区有哪些？

用药误区之一：见热就退。发热是机体抵抗疾病的生理保护反应和病体自我调节的短时反应，一定程度的发热可以提高病体吞噬致病微生物的能力，有利于机体的保护。因此过早或过量地使用解热药，不仅影响防御反应的发挥又会掩盖病症造成误诊，还能使排汗过多引起血压下降甚至虚脱危及生命，但当体温过高或发热时间过长应及时解热退烧。

用药误区之二：见病就抗菌。在治疗疾病时见病就用抗菌剂，抗生素的滥用会引起双重感染并提高病菌的抗药性，因此应根据情况灵活使用。

用药误区之三：见泻就止。腹泻是畜体排出腹内毒素等有害物的一种保护性反应，对畜体无害反而有利。只是腹泻过多或过长时，应急速口服补液盐，并应用抗菌药物。

用药误区之四：病好就收。病好转后不用药巩固，常易复发或可能转为慢性，病好后应再坚持 1～2 天的治疗以巩固疗效。

16 羊场常用的消毒方法有哪些？

（1）物理消毒法　是指用物理因素杀灭或消除病原微生物及其他有害微生物的方法。其特点是作用迅速，消毒物品不遗留有害物质。常用的物理消毒法有：自然净化、机械除菌、热力灭菌和紫外线辐射等。

（2）化学消毒法　是指用化学药品进行消毒的方法。化学消毒法使用方便，不需要复杂的设备，但某些消毒药品有一定的毒性和腐蚀性。为保证消毒效果，减少毒副作用，须严格按要求的条件和使用说明执行。

（3）生物学消毒法　是利用某些生物消灭致病微生物的方法。特点是作用缓慢，效果有限，但费用较低。多用于大规模废物及排泄物的卫生处理，常用的方法有生物热消毒技术和生物氧化消毒技术。具体操作时根据场内不同的消毒环境、消毒对象、被消毒物的种类来选择适宜的消毒方法，以达到最佳效果。

17 影响消毒药物消毒效果的因素有哪些？

影响消毒药物消毒效果的因素主要有以下几个方面：

（1）搭配不科学合理及浓度不合适　良好的配方能显著提高消

毒的效果。例如,季铵盐类消毒剂用 70％乙醇配制比用水配制穿透力更强,杀菌效果更好;戊二醛和环氧乙烷联合应用,二者具有协同效应,可提高消毒效力;使用具有杀菌作用的溶剂,如甲醇、丙二醇等配制消毒液时,可增强消毒效果。但消毒药之间也会产生颉颃作用,如酚类(石炭酸、复合酚等)不宜与碱类消毒剂混合,阳离子表面活性剂不宜与阴离子表面活性剂(肥皂等)及碱类物质混合。因此消毒药不能随意混合使用。

(2)温度、酸碱度(pH)等外界环境因素对消毒剂的效果也有影响 消毒现场通常会遇到各种有机物,如分泌物、脓液、饲料残渣及粪便等。这些有机物的存在不仅能阻碍消毒药直接与病原微生物接触,还能中和并吸附部分药物,使消毒作用减弱。因此在消毒药物使用前,应进行充分的机械性清扫,清除消毒物品表面的有机物,使消毒药能够充分发挥作用。不同的消毒剂受有机物影响程度也有所不同,氯制剂消毒效果降低幅度大,季铵盐类、过氧化物类等消毒作用降低明显,戊二醛类及碘伏类消毒剂受有机物影响较小。

(3)消毒的作用时间 一般情况下,消毒剂与微生物接触后,要经过一定时间才能杀死病原,因此消毒后不要很快进行清扫。作用时间若太短,往往会达不到消毒的目的。另外,畜群进行饮水免疫时不能进行饮水消毒和饮水工具的消毒。

第二章

羊的细菌性和真菌性疾病

18 羊的细菌性疾病有哪些？

羊常见的细菌性疾病有：羊炭疽、破伤风梭菌病、布鲁氏菌病、李氏杆菌病、副结核病、羔羊大肠杆菌病、绵羊巴氏杆菌病、坏死杆菌病、羊链球菌病、沙门氏菌病、伪结核病和结核病、羊土拉杆菌病、肉毒梭菌中毒症、羔羊双球菌病、羊弯曲杆菌病、羊快疫、羊肠毒血症、羊猝狙、羊黑疫、羔羊痢疾、放线杆菌病、羊气肿疽等。

19 炭疽杆菌引起羊发病和死亡都很快，该怎样防控？

羊炭疽是由炭疽杆菌感染后引起的一种急性、热性、败血性传染病。该病人畜共患，严重威胁人畜的生命。羊发病突然，主要表现为呼吸困难，全身战栗、摇摆、眩晕倒地，磨牙，眼结膜等可视黏膜发绀，口、鼻流出血色泡沫，肛门、阴门、耳朵等天然孔流出血液且不易凝固，数分钟或数小时内即可死亡。

【病原】该病病原是一种粗而长的革兰氏阳性大杆菌，在适宜条件下可形成芽孢。芽孢具有很强的抵抗力，在干燥环境中能存活10年之久，煮沸需15～25分钟才能被杀死。临床上可用20%漂白粉、2%～4%的甲醛、0.5%过氧乙酸或1%氢氧化钠作为消毒剂。

【病因】该病的发生常常因为羊吃了污染的饲料或饮水而感染，

还有可能经呼吸道或吸血昆虫叮咬而感染。病羊是主要传染源，濒死病羊体内及其排泄物中常有大量菌体，若尸体处理不当，炭疽杆菌形成芽孢并污染土壤、水、地面，则成为长久的疫源地。

【症状与剖检】死亡羊只尸僵不全，天然孔流出的血液呈酱油色煤焦油样，凝固不良；外观尸体迅速腐败而极度膨胀，脾脏明显肿大，皮下和浆膜下结缔组织呈现出血性胶样浸润。在发现可疑病例特别是天然孔出血的病例时不可贸然行动，禁止剖检，同时要保护好自身的安全。病羊生前采取静脉血液（耳静脉），死羊可从末梢血管采血涂片。必要时可作局部解剖，采取小块脾脏，然后将切口用 0.2％升汞或 5％石炭酸浸透的棉花或纱布塞好。涂片用瑞氏染液或美蓝染液染色，置于显微镜下观察。若发现带有荚膜的单个、成双或短链的粗大杆菌，并结合临床症状即可确诊，但一般可根据临床症状和病理变化做出初步诊断。

【防控】该病发生时应立即封锁疫点，对同群和疫点内所有牛、羊等易感动物进行临床检查，隔离同群和可疑病羊。对同群和可疑病羊用青霉素进行预防性治疗，连续用药 5 天。对病羊的圈舍、运动场等环境和饲槽、用具等用 250 克/升漂白粉溶液消毒；对病羊躺过的地面挖土 0.2 米，用 250 克/升漂白粉溶液混合后深埋。将被污染的饲料、粪便焚烧，在死尸体表面撒上漂白粉后深埋。对疫点及周围受威胁区的牛、羊及时用炭疽疫苗进行紧急免疫接种。

病程稍缓羊在严格隔离条件下进行治疗。初期可使用抗炭疽血清，羊每次 50～100 毫升，静脉或皮下注射。第一次注射剂量应适当加大，必要时经 12 小时后再注射一次。炭疽杆菌对青霉素、土霉素敏感，其中青霉素最常用，每千克体重 1 万～2 万单位，肌内注射，每天 2 次。实践证明，抗炭疽血清与青霉素合用效果更好。

对经常发生炭疽及受威胁地区的羊，每年用无毒炭疽芽孢苗（禁用于绵羊，皮下接种 0.15 毫升），或第二号炭疽芽孢苗（绵羊、山羊均可，皮下接种 1 毫升）作预防注射。当有炭疽发生时，要及时隔离病羊，对污染的羊舍、地面及用具要立即用 10％热火碱水或20%漂白粉溶液喷洒消毒，每隔1小时一次，连续3次。对同群的未发病羊，使用青霉素连续注射3天，有预防作用。

20 什么情况下羊会发生破伤风梭菌病？怎样处理伤口才能避免该病的发生？

破伤风梭菌的芽孢在自然界中广泛存在并且在土壤中可存活几十年；因此羊如果有外伤（如被铁钉、尖锐物品等刺伤、手术等）或胃肠黏膜的损伤（相对概率较小）就很容易感染破伤风梭菌。感染后如果创口内具备缺氧条件，病原就可在创口内大量生长繁殖而产生毒素，其产生的毒素主要为破伤风痉挛毒素、溶血毒素及非痉挛性毒素。其中的破伤风痉挛毒素能引起该病的特征性症状和刺激产生保护性抗体；溶血毒素引起局部组织坏死；非痉挛性毒素对神经末梢有麻痹作用。

【症状】该病初期症状不明显，病羊表现起卧困难，精神呆滞。随着病情的发展，四肢逐渐强直，运步困难，头颈伸直，角弓反张，肋骨突出，牙关紧闭，流涎，不能采食和饮水，尾直，形成木马状。常有轻度腹胀，先腹泻后便秘。体温一般正常，仅在临死前体温上升至42 ℃以上，死亡率很高。

【防控】对于该病的预防和处理应做到：①在发生外伤、阉割或处理羔羊脐带时，应及时用2%～5%的碘酊严格消毒。②每年接种破伤风类毒素，皮下注射1毫升，免疫期1年，小羊减半。第二年再注射1次，免疫期可达4年。③在外科手术时尽量做到无菌操作，防止伤口感染。

【治疗】将病羊置于僻静、较暗的厩舍内，避免惊动。给予易消化的饲料和充分的饮水。对伤口及时清创和扩创，彻底清除伤口内的坏死组织，可用3%的过氧化氢（双氧水）、1%高锰酸钾或5%～10%的碘酊进行消毒处理。病初可先静脉注射4%乌洛托品5～10毫升，再用破伤风抗毒素5万～10万单位静脉或肌内注射，以中和毒素。为了缓解肌肉痉挛，可用25%硫酸镁注射液10～20毫升肌内注射，并配合5%碳酸氢钠100毫升静脉注射。当牙关紧闭，开口困难时，可用 2% 普鲁卡因 5 毫升和 0.1% 肾上腺素 0.1～1 毫升混合注入两侧咬肌。如不能采食，可进行补液、补糖。当发生便秘时，可用温水灌肠或投服盐类泻剂。配合中药治疗能缓解症状，缩短病程。可应用"防风散"，即防风 8 克、天麻 5 克、羌活 8 克、天南星 7 克、炒僵蚕 7 克、清半夏 4 克、川芎 4 克、炒蝉蜕 7 克，水煎 2 次，将药液混在一起，待温加黄酒 50 克胃管投服，连服 3 剂，隔天一次。上述方剂可适当加减，当伤在头部，重用白芷；伤在四肢，加独活 5 克；瞬膜外露严重者，重用防风、蝉蜕；流涎量多者，重用僵蚕、半夏；牙关紧闭者，加蜈蚣 1～2 条、乌蛇 3～6 克、细辛 1～2 克。当继发感染时，可选用抗生素或磺胺类药物进行治疗。

21 羊布鲁氏菌病的主要危害有哪些？怎样防控？

布鲁氏菌病是由布鲁氏菌引起的人畜共患慢性传染病，主要侵害患畜生殖系统。羊感染后，多数病例为隐性感染，怀孕母羊在 3～4 个月发生流产，开始仅为少数，以后逐渐增多，严重时可达半数以上，多数病羊流产一次，有时患病羊发生关节炎和滑液囊炎而致跛行，公羊发生睾丸炎。母羊较公羊易感。

【预防】应当着重体现"预防为主"的原则。在未感染羊群中，控制本病传入的最好办法是自繁自养，必须引进种羊或补充羊群时，要严格执行检疫。即将羊隔离饲养 2 个月，同时进行布鲁氏菌病的检疫，全群两次免疫学检查阴性者，才可以与原有羊接触。清净的羊群，还应定期检疫（至少每年 1 次），一经发现，即应淘汰。

【控制措施】本病无治疗价值，一般不予治疗。发病后的防治措施是：用试管凝集或平板凝集反应进行羊群检疫，发现呈阳性和可疑反应的羊均应及时隔离，以淘汰屠宰为宜。严禁与健康羊接触。必须对污染的用具和场所进行彻底消毒，流产胎儿、胎衣、羊水和产道分泌物应深埋。凝集反应阴性羊用布鲁氏菌猪型 2 号弱毒苗或羊型 5 号弱毒苗进行免疫接种。

22 李氏杆菌通过哪些途径感染羊？怎样防治？

羊李氏杆菌病是单核细胞李氏杆菌通过消化道、呼吸道及损伤的皮肤等途径感染羊引起的一种传染性疾病，其发病率低，病死率很高。病羊主要表现为短期发热，精神抑郁，食欲减退，多数病例表现脑炎症状，如转圈、倒地、四肢做游泳姿势、颈项强直、角弓反张、颜面神经麻痹、咀嚼肌麻痹、咽麻痹、昏迷等。孕羊可出现流产。羔羊多以急性败血症而迅速死亡。

【预防】注意环境卫生，加强饲养管理，定期驱虫，消灭啮齿类动物；对发病羊群，应立即检疫，病羊隔离治疗，其他羊使用药物预防；病羊尸体要深埋处理，对污染的环境和用具等使用5%来苏儿水进行消毒。

【治疗】早期大剂量应用磺胺类药物或与抗生素并用疗效较好，如磺胺嘧啶钠、氨苄青霉素、链霉素、庆大霉素等。病羊出现神经症状时，可使用镇静药物治疗，以每千克体重1～3毫克剂量肌内注射。

23 怎样防控羊的副结核病？

副结核病又称副结核性肠炎，是牛、绵羊、山羊的一种慢性接触性传染病。其特征为间歇性腹泻、进行性消瘦、肠黏膜增厚并形成皱襞。本病分布广泛，在青黄不接、草料供应紧缺、羊只体质不良时，发病率上升。转入青草期，病羊症状减轻，病情好转。

本病无治疗价值。严禁牛、羊混养，发病后，对发病羊群每年用变态反应检疫4次，对出现症状或变态反应阳性羊及时淘汰；感染严重、经济价值低的一般生产羊群应全部淘汰。对病羊的圈栏、用具可用20%漂白粉或20%石灰乳彻底消毒，并空闲1年以后再引入健康羊。

24 大肠杆菌主要危害哪个阶段的羊？怎样防治？

大肠杆菌病多发生于数日龄至6周龄以内的羔羊，有些地方

6～8月龄的羔羊也可能发生，因其排出白色稀粪，所以又称"羔羊白痢"或又叫羔羊大肠杆菌病。其特征是呈现剧烈的下痢和败血症。

【症状】病羊潜伏期1～2天。

下痢型：多发生于2～8日龄新生羔。病初体温略高，出现腹泻后体温下降，粪便呈半液状，带有气泡，具有恶臭，起初呈淡黄色，继之变为淡灰白色，含有乳凝块，严重时混有血液。羔羊表现腹痛，虚弱，严重脱水，不能起立。如不及时治疗，可于24～36小时死亡，病死率15%～17%。

败血型：多发生于2～6周龄羔羊。病羊体温41～42℃，精神沉郁，迅速虚脱，有轻微的腹泻或不腹泻，有的带有神经症状，运步失调、磨牙、视力障碍，也有的病例出现关节炎，多于病后4～12小时死亡。

【预防】加强孕羊的饲养管理，确保新产羔的健壮，抗病力强。改善羊舍的环境卫生，做到定期消毒，尤其是分娩前后对羊舍应彻底消毒1～2次。注意幼羊的保暖，尽早让羔羊吃到足够的初乳。对污染的环境、用具，可用3%～5%来苏儿水消毒。

【治疗】大肠杆菌对土霉素、新霉素、庆大霉素、卡那霉素、丁氨卡那霉素、磺胺类药物均具敏感性，但实际中应根据药敏试验选取敏感抗生素，同时配合护理和对症治疗。

氟苯尼考：每千克体重10～20毫克，肌内注射，每天注射2次，连用3～5天。

土霉素粉：以每天每千克体重30～50毫克剂量，分2～3次口服。

磺胺脒：第一次1克，以后每隔6小时内服0.5克，对新生羔羊可同时加胃蛋白酶0.2～0.3克内服。

心脏衰弱者可注射强心剂，脱水严重者可适当补充生理盐水或葡萄糖盐水，必要时还可加入碳酸氢钠或乳酸钠，以防止全身酸中毒；对于有兴奋症状的病羊，可加水内服水合氯醛0.1～0.2克，中药治疗用大蒜酊（大蒜100克、95%酒精100毫升，浸泡15天，过滤即成）2～3毫升，加水一次灌服，每天2次，连用数天。白头翁、秦皮、黄连、炒神曲、炒山楂各15克，当归、木香、杭芍各20克，车前子、黄柏各30克，加水500毫升，煎至100毫升。每次3～5毫升，灌服，每天2次，连用数天。如病情好转时，可用微生态制剂，如促菌生、调痢生、乳康生等，加速胃肠功能的恢复，但不能与抗生素同用。每天1次，连用3天。

25 羊感染巴氏杆菌有哪些症状？怎样防治？

巴氏杆菌病主要是由多杀性巴氏杆菌所引起的各种家畜、家禽和野生动物的一种传染病。绵羊主要表现为败血症和肺炎，多发于幼龄羊和羔羊，山羊不易感染。

【症状】感染后发病症状按病程长短，分为最急性、急性和慢性3种。

① 最急性。多见于哺乳羔羊，突然发病，出现寒战、衰弱、呼吸困难等症状，于数分钟至数小时内死亡。

② 急性。精神沉郁，体温升高到41～42 ℃，咳嗽，鼻孔常有出血，有时混于黏性分泌物中。眼结膜潮红，有黏性分泌物。初期便秘，后期腹泻，有时粪便全部变为血水。颈部、胸部发生水肿。病羊常在严重腹泻后虚脱而死亡，病期2～5天。

③ 慢性。病程可达3周。病羊消瘦，不思饮食，流黏脓性鼻液，咳嗽，呼吸困难，有时颈部和胸下部发生水肿，有角膜炎，腹泻，粪便恶臭，临死前极度衰弱，体温下降。死后剖解可见皮下有液体浸润和小点出血，心包和胸腔内有渗出液及纤维素凝块。肺脏膨大、水肿，呈现紫红色，一般在前腹侧区有显著实变。病程长的绵羊，病理变化界线更为明显，肺呈暗红色，胸膜粘连。有的肺部还见有黄豆至胡桃大的化脓灶。其他脏器呈水肿和瘀血，间有小点出血（彩图5）。脾脏不肿大，肝脏有坏死灶。

【预防】羊群应避免拥挤、受寒，长途运输时，防止过度劳累。发病后，羊舍可用5％漂白粉或10％石灰乳等彻底消毒。必要时羊群可用高免血清或菌苗做紧急免疫接种。

【治疗】对病羊和可疑病羊立即隔离治疗。每千克体重可分别选用氟苯尼考 20～30 毫克、土霉素 20 毫克、庆大霉素 1 000～1 500单位、20%磺胺嘧啶钠 5～10 毫升，进行肌内注射，每天 2 次；或每千克体重用复方新诺明片 10 毫克，内服，每天 2 次，直到体温下降、食欲恢复为止。也可每只羊注射青霉素 320 万单位、链霉素 200 万单位、地塞米松磷酸钠 15 毫克，对体温高的加 30% 的安乃近 10 毫升，效果良好。对有神经症状的病羊同时应用维生素 B_1 注射液进行注射。

26 羊坏死杆菌病有何治疗措施？

坏死杆菌病是畜禽共患的一种慢性传染病。

【症状】皮肤、皮下组织和消化道黏膜坏死，有时在其他脏器上形成转移性坏死灶。绵羊患坏死杆菌病多于山羊，因患病部位不同，表现不同的症状。当病原侵害蹄部时，可引起腐蹄病，多为一侧肢患病（彩图 6）。表现蹄间隙、蹄踵、蹄冠红肿热痛，后溃烂，挤压肿烂部有腐臭脓样液体流出。重症病例可引起深部组织坏死，蹄匣脱落，坏死也可波及腱、韧带和关节，病羊卧地不起，全身症状恶化，进而发生脓毒败血症死亡。羔羊可发生坏死性口炎，又称"白喉"，齿龈、颊、硬腭、舌及咽喉发生肿胀，上面覆盖的坏死物形成伪膜，伪膜脱落后露出溃烂面。轻症病例能很快恢复。重症病例若治疗不及时内脏形成转移病灶，俗称"羊烂肝、烂肺病"，导致死亡，给养羊业造成很大损失。

【剖检】可见肝脏质地较硬，均匀散布着蚕豆至胡桃大的坏死病灶，颜色灰白，周围有红晕，界线明显。肝脏表面的病变常与腹腔接触的器官发生纤维素性炎症；肺脏实变，有大小不等的白色坏死病灶，有的切面呈脓样或豆腐渣样，有的切面干燥，病变常和胸壁粘连，形成坏死性胸膜炎和心包炎；心脏肌肉散在着米粒大的圆形坏死灶，呈白色；瘤胃常有坏死病灶，分布在食管沟和前腹囊，其病变似豆腐渣，周围由高出的上皮包围着；坏死病灶还涉及胸骨、气管及喉头等处。

【预防】加强饲养管理，经常保持圈舍的干燥卫生，防止过度拥挤，避免外伤发生。一旦发生外伤，应及时用5％碘酊涂擦伤口，以防感染。一旦发现本病应及时隔离、治疗，污染场所、用具等要彻底消毒。

【治疗】首先清除坏死组织，用1％高锰酸钾液冲洗或用6％福尔马林、5％～10％硫酸铜，或在20％食盐水中加1％高锰酸钾脚浴，然后用抗生素软膏或磺胺软膏涂抹。为了防止硬物刺激，可用绷带包扎患蹄。对坏死性口炎的治疗，先除去口腔内的伪膜，用1％高锰酸钾液冲洗口腔，然后涂抹碘甘油或撒布冰硼散（冰片15克、朱砂18克、元明粉150克，研末备用）。当发生转移性病灶时，应进行全身治疗，以注射磺胺嘧啶或土霉素、氟苯尼考的效果最好，连用5天，并配合强心解毒药物，可促进康复，提高治愈率。

27 怎样防治羊链球菌病？

链球菌病是由兽疫链球菌引起的一种急性、热性、败血性传染病，因患畜下颌淋巴结和咽喉部肿胀，所以俗称"嗓喉病"；又由于常继发大叶性肺炎、呼吸困难、胆囊肿大，故在有些地区又叫"大胆病"。

【症状与剖检】主要发生于绵羊，山羊次之。人工感染的潜伏期为3～10天。病羊体温高至41℃，呼吸困难，精神不振，食欲低下以至废绝，反刍停止。眼结膜充血、流泪，常见流出脓性分泌物；口流涎水，并流有泡沫；鼻孔流出浆液性、脓性分泌物。咽喉肿胀，下颌淋巴结肿大，部分病例舌体肿大，呼吸急促。粪便松软，带有黏液或血液。有些病例可见眼睑、口唇、面颊及乳房部位肿胀。怀孕羊可发生流产。病羊死前常有磨牙、呻吟和抽搐现象。最急性病例24小时内死亡，病程一般2～3天，很少能延长到5天。死后尸僵不显著或者不明显。淋巴结出血、肿大（彩图7）。鼻、咽喉、气管黏膜出血（彩图8），肺脏水肿、气肿，肺实质出血、肝变，呈大叶性肺炎，有时可见有坏死灶；大网膜、肠系膜有出血点。胃肠黏膜肿胀，有的部分脱落。第四胃出血及内容物变稀。第三胃内容物干如石灰；幽门出血及充血。肠道充满气体，十二指肠内容物变为橙黄色。肺脏常与胸壁粘连。肝脏肿大，表面有少量出血点；胆囊肿大 2～4 倍，胆汁外渗。肾脏质地变脆、变软、肿胀、梗死，被膜不易剥离。膀胱内膜出血。各脏器浆膜面常覆有黏稠、丝状的纤维素样物质（图 2-1，彩图 9）。

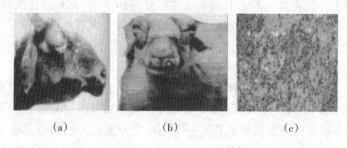

（a） （b） （c）

图 2-1 绵羊链球菌病

（a）眼睑肿胀，眼内流出脓性分泌物，咽喉及下颌间隙炎性水肿

（b）鼻部肿胀、自鼻腔内流出脓性分泌物 （c）肝小叶间质的炎性水肿

【预防】①未发病地区勿从疫区引入种羊，购进羊肉或皮毛产品时，应加强防疫检疫工作。②常发病地区坚持免疫接种，每年发病季节到来之前，用羊链球菌氢氧化铝甲醛菌苗进行预防接种。小羊皮下注射 3 毫升/只，6 月龄以上羊，5 毫升/只，3 月龄以下羔羊，2～3 周后重复接种一次，免疫期可维持半年以上。③做好夏秋抓膘、冬春保膘、防寒保温工作。发病后，及时隔离病羊，粪便堆积发酵处理。羊圈可用含 1% 有效氯的漂白粉、10% 石灰乳、3% 来苏儿水等消毒液消毒。在本病流行区，羊群要固定草场、牧场放牧，避免与未发病羊群接触。对未发病羊提前注射青霉素或抗羊链球菌血清有良好的预防效果。④加强清洁工作，清除牧场或圈舍遗留的皮毛和尸骨，进行深埋或焚烧。

【治疗】早期应用青霉素或磺胺类药物治疗。青霉素每次80 万～160 万单位，每天肌内注射 2 次，连用 2～3 天；20% 磺胺嘧啶钠 5～10 毫升，每天肌内注射 2 次或磺胺嘧啶每次 5～6 克

（小羊减半），每天内服 1～3 次，连用 2～3 天。

28 沙门氏菌引起羊发病的主要症状有哪些？怎样防治？

羊沙门氏菌病是由鼠伤寒沙门氏菌、都柏林沙门氏菌和羊流产沙门氏菌引起，其临床表现分为两型。

（1）下痢型 多见于羔羊，体温升高达 40～41 ℃。食欲减少，腹泻，排黏性带血稀粪，有恶臭。精神沉郁，虚弱，低头弓背，继而卧地。病程 1～5 天死亡，有的经 2 周后可恢复。发病率一般为 30%，病死率 25% 左右。

（2）流产型 病羊体温升高，不食，精神沉郁，部分羊有腹泻症状。绵羊多在怀孕的最后 2 个月发生流产或死产；病羊产出的活羔多极度衰弱，并常有腹泻，一般 1～7 天死亡。发病母羊也可在流产后或无流产的情况下死亡。羊群暴发一次，一般可持续 10～15 天，流产率和病死率均很高。

死亡羊只剖检：下痢型羊尸体后躯常被稀粪污染，组织脱水。真胃和小肠空虚，内容物稀薄，常含有血块。肠黏膜充血，肠系膜淋巴结肿大，心内外膜有小出血点。流产、死产的胎儿或生后 1 周内死亡的羔羊，呈败血症病变，表现组织水肿、充血，肝脏、脾脏肿大，有灰色病灶，胎盘水肿、出血。死亡的母羊呈急性子宫炎症状，其子宫肿胀，内含有坏死组织、浆液性渗出物和滞留的胎盘。

（3）防治

① 预防。主要措施是加强饲养管理。羔羊在出生后应及早吃上初乳，并注意保暖；发现病羊应及时隔离、治疗；被污染的圈栏要彻底消毒。对流产母羊及时隔离治疗，流产的胎儿、胎衣及污染物进行销毁，流产场地全面彻底进行消毒处理。对可能受传染威胁的羊群，注射相应菌苗预防。

② 治疗。对患病羊应隔离治疗，病的初期应用抗血清有效，也可选用抗生素药物治疗。首选药物为氟苯尼考，其次是新霉素和土霉素等。氟苯尼考：羔羊按每天每千克体重 25～30 毫克剂量，

分 3 次内服；成年羊按每次每千克体重 15～20 毫克剂量，肌内或静脉注射，每天 2 次。也可口服或注射恩诺沙星或环丙沙星。连续用药不得超过 2 周，并配合护理及对症治疗。

29 怎样防治山羊结核杆菌病？防治该病有何重大意义？

山羊结核杆菌能引起人、畜和禽类的慢性疾病。其病理特点是在多种组织器官形成肉芽肿和干酪样病变、钙化结节病变。因此防治该病对减少人类健康威胁有着重要意义。

【预防】①将阳性反应的羊严格隔离，禁止与健康羊群发生任何直接或间接的接触，如放牧时应避免走同一牧道及利用同一牧场；②病羊所产的羔羊，立刻用 3％克辽林或 1％来苏儿水洗涤消毒，再运往羔羊舍，用健康羊奶实行人工哺乳，禁止哺吮病羊奶；③病羊奶必须在用巴氏消毒法灭菌后（最好煮沸）方可出售，禁止将生奶出售或运往健康羊场进行消毒；④如果病羊为数不多，可以全部宰杀，以免增加管理上的麻烦及威胁健康羊群；⑤如要增添新羊，必须先做结核菌素试验，阴性反应的方可引进。

【治疗】对于有价值的奶羊和优良品种的绵羊，可以采用链霉素、异烟肼（雷米封）、对氨基水杨酸钠或盐酸小檗碱治疗轻型病例。对于临床症状明显的病例，不必治疗，应该坚决扑杀，以防后患。

30 羊土拉杆菌病怎样防控？关键环节有哪些？

羊土拉杆菌病是牧场绵羊（特别是羔羊）的一种急性败血性疾病，也是人、畜共患病，又称野兔热。特征为发热、肌肉僵硬和淋巴结肿大。

病原为土拉弗朗西斯氏菌，是弗朗西斯菌属的代表种，本菌对热及常用消毒剂敏感，但在土壤、水、肉和皮毛中可存活数十天，在尸体中可存活 100 余天。对链霉素和四环素类抗生素敏感。试验动物中，小鼠、豚鼠、家兔等都易感，任何途径接种都可感染，多于 8～15 天发生败血症死亡。易感动物很多，人也可被感染，野兔和野生啮齿类动物是主要传染源。通过蜱等吸血昆虫传染给家畜和人，蜱是传播媒介，也是有效的储存宿主。被发病动物污染的牧地、饲草、饮水等也是重要的传染源。主要的家畜宿主是绵羊，尤其是羔羊发病较为严重，常引起死亡。发病后体温高达 40.5～41℃，精神委顿，步态僵硬、不稳，后肢软弱或瘫痪。体表淋巴结肿大，2～3 天后体温恢复正常，但之后又常回升，一般 8～15 天痊愈。妊娠母羊发生流产和死胎，羔羊发病较重，除上述症状外，也见有的腹泻、有的兴奋不安、有的呈昏睡状态，不久死亡，病死率很高。山羊较少患病，患病后症状与绵羊相似。剖检尸体可见表面寄生着许多蜱，组织贫血明显，在皮下和浆膜下分布着许多出血点，在蜱侵袭部位及其附近尤为显著。淋巴结肿大，有坏死和化脓灶。肝脏、脾脏可能肿大。在一些羔羊中，肺脏的尖叶与心叶可能有肺炎病变。

【预防】预防本病主要通过消除自然疫源地的传染性，扑杀啮齿动物和消灭体外寄生虫。牧场应经常做好杀虫、灭鼠和畜舍的消毒。染有本病的牧场应经过检查，血清学阴性、体表寄生虫完全驱除后方可运出。目前国外已有菌苗使用，为预防控制本病取得了显著效果。

【治疗】用链霉素疗效最好。四环素等可控制急性感染，而不易根治。磺胺类药物无效。

31 怎样预防羊肉毒梭菌中毒症？

肉毒梭菌中毒症是由于食入肉毒梭菌毒素而引起的急性致死性疾病。其特征为运动神经麻痹和延脑麻痹。患病初期呈现兴奋症状，共济失调，步态僵硬，行走时头弯于一侧或做点头运动，尾向一侧摆动，流涎，有浆液性鼻涕，呈腹式呼吸，终因呼吸麻痹而死亡。肉毒梭菌的芽孢广泛分布于自然界，在动物尸体、肉类、饲料、罐头食品中发育繁殖时产生毒素。这种毒素毒力极强，并且在消化道内不被破坏。在 100℃条件下，液体中的毒素 15～20 分钟被破坏，固体食物中的毒素需 2 小时被破坏。各种畜、禽都有易感性，主要由于食入霉烂饲料、腐败尸体和已有毒素污染的饲料、饮水而发病。

【预防】注意环境卫生，在牧场或羊舍内，如发现有动物尸体和残骸，应及时清除，特别注意不用腐败饲料饲草喂羊。平时在饲料中添加适量的食盐、钙和磷等矿物质，以防止动物发生异食癖，乱舔食尸体和残骸等。发现该病应及时查明毒素的来源，予以清除。

【治疗】发病早期可使用肉毒梭菌多价血清，同时使用盐类泻剂和洗胃、灌肠，以促进消化道内的毒素排出。据报道，使用盐酸胍以每千克体重 1 毫克的剂量治疗，可解除毒素引起的某些麻痹症状。遇有体温升高时，可注射抗生素或磺胺类药物，以防止继发肺炎。配合对症疗法，如退热、止咳、祛痰等。

32 羔羊肺炎链球菌病和羊链球菌病的区别有哪些？

（1）羔羊肺炎链球菌病　又称双球菌败血症，是由肺炎链球菌引起的一种急性传染病。病原为革兰氏阳性双球菌，寄生于上呼吸道。经过呼吸道和消化道以及脐带而传染。多发于 7～30 日龄的羔羊。潜伏期 3～15 天。一般冬春季节多发。

主要症状表现分为 3 型：①最急性。腕关节或跗关节表现跛行，其他症状不明显。病羊通常于一昼夜之内死亡。②急性。吃奶突然减少或完全废绝，精神委顿，流泪，鼻孔流出稀薄而带有黏性的鼻涕，体温升高到 40～42 ℃。病羊寒战、磨牙。腕关节或跗关节表现跛行，触诊关节时感觉温度增高。听诊肺部，有湿性啰音，肺泡呼吸音极度微弱。肺部叩诊有浊音。个别病羊有明显的肋间压痛。病羔于 3～7 天内死亡。③慢性。除肺部无明显的听诊及叩诊特征外，其他症状均与急性者相同。有的羔山羊还可见到胸壁显著塌陷。病后期，常可见到病羊头俯于地，喜卧于潮湿地面，回顾后腹部。粪便干结。病期可以延长到半月左右。

（2）羊链球菌病　是由兽疫链球菌引起的一种急性、热性、败血性传染病，主要有下颌淋巴结和咽喉部肿胀，继发大叶性肺炎、

呼吸困难、胆囊肿大。该病主要发生于绵羊，山羊次之。潜伏期为
3～10天。病羊体温高至41℃，呼吸困难，精神不振，食欲低下
以至废绝，反刍停止。眼结膜充血、流泪，常见流出脓性分泌物；
口流涎水，并流有泡沫；鼻孔流出浆液性、脓性分泌物。咽喉肿
胀，下颌淋巴结肿大，部分病例舌体肿大，呼吸急促。粪便松软，
带有黏液或血液。有些病例可见眼睑、口唇、面颊以及乳房部位肿
胀。怀孕羊可发生流产。病羊死前常有磨牙、呻吟和抽搐现象。最
急性病例24小时内死亡，病程一般2～3天，很少能延长到5天。

可见羔羊的肺炎链球菌病和羊链球菌病这两种病病原不一样，
易感羊以及出现的临床症状等都有差别。

（3）羔羊肺炎链球菌病的防治措施　①预防。改善母羊及羔羊
场的环境卫生，加强饲养管理，提高抗病能力。对患乳房炎及子宫
内膜炎的哺乳母羊应及时治疗，控制传染源。羊舍地面、用具要彻
底消毒，保证环境的清洁。②治疗。发现病羔及时隔离，采取药物
治疗。四环素按每千克体重0.01～0.02克肌内注射。口服磺胺甲
基嘧啶，按每千克体重0.2克。此外还应根据病情采取对症疗法，
如退热、止咳、祛痰等。

33 羊弯曲杆菌病的主要临床症状有哪些？怎样防治？

羊弯曲杆菌病是由弯曲杆菌属的细菌引起的多种动物都罹患的
传染病，原名"弧菌病"。主要症状是怀孕母羊多于后期（怀孕的
第4～5个月）发生流产，分娩出死胎、死羔或弱羔。流产母羊一
般只有轻度先兆——流出少量阴道分泌物，易被忽视。流产后阴道
排出黏性或脓性分泌物。大多数流产母羊很快痊愈，少数母羊由于
死胎滞留而发生子宫炎、腹膜炎或子宫脓毒症，最后死亡。病死率
不高，约为5%。

【预防】严格执行兽医卫生防疫措施。产羔季节流产母羊应严
格隔离并进行治疗。流产胎儿、胎衣及污染物要彻底销毁；粪便、
垫草等要及时清除并进行无害化处理；流产地点及时消毒除害。染

疫羊群中的羊不得出售，以免扩大传染。本病流行区可用当地分离的菌株制备弯曲杆菌多价灭活菌苗，对绵羊进行免疫接种，可有效预防流产。

【治疗】发病羊用四环素和氟苯尼考内服治疗。四环素按每千克体重日服 20～50 毫克，分 2～3 次服完。氟苯尼考每千克体重 20～30 毫克肌内注射，每天注射 2 次，连用 3～5 天。该病早期治疗能减少流产损失。

34 羊快疫的病因是什么？怎样处理？

羊快疫是由腐败梭菌经消化道感染引起，主要发生于绵羊的一种急性传染病。发病羊多为 6～18 月龄营养较好的绵羊，山羊较少发病。腐败梭菌通常以芽孢体形式散布于自然界，特别是潮湿、低洼或沼泽地带。羊采食污染的饲草或饮水，芽孢体随之进入消化道，但并不一定引起发病。当存在诱发因素时，特别是秋冬或早春气候骤变、阴雨连绵之际，羊寒冷、饥饿或采食了冰冻带霜的草料，机体抵抗力下降，腐败梭菌即大量繁殖，产生外毒素，使消化道黏膜发炎、坏死并引起中毒性休克，患羊往往来不及表现临床症状即突然死亡。常见在放牧时死于牧场或早晨死于圈舍内。病程稍缓者，表现为不愿行走，运动失调，腹痛、腹泻，磨牙，抽搐，体温表现不一，有的正常，有的升高到 41.5 ℃，病羊最后衰弱昏迷，口流带血泡沫，多于数分钟或几小时内死亡，病程极为短促。死羊尸体迅速腐败、膨胀。剖检可视黏膜充血，呈暗紫色。体腔多有积液。特征性表现为真胃出血性炎症，胃底部及幽门部黏膜可见大小不等的出血斑点及坏死区，黏膜下发生水肿。肠道内充满气体，常有充血、出血、坏死或溃疡。心内、外膜可见点状出血。胆囊多肿胀。

【预防】在该病的常发区，每年应定期注射有关预防羊快疫的单苗或混合苗。当本病发生严重时，应及时转移放牧地。对所有尚未发病羊加强饲养管理，防止受寒，避免羊采食冰冻饲料。同时可使用羊梭菌病三联苗、四联苗或五联苗进行紧急接种。

【治疗】由于病程短促，因此常常来不及治疗。对病程稍长的病羊，可选用青霉素肌内注射，剂量每次 80 万～160 万单位，每天 2 次；磺胺嘧啶内服，剂量每次 5～6 克，每天 2 次，连服 3～4 次；也可给病羊内服 10%～20% 石灰乳，每次 50～100 毫升，连服 1～2 次。在使用上述抗菌药物的同时应及时配合强心、输液等对症治疗措施。

35 羊肠毒血症的病因是什么？怎样防治？

羊肠毒血症是由 D 型魏氏梭菌在羊肠道内大量繁殖产生毒素引起的一种急性毒血症，主要发生于绵羊，又称"软肾病"或"类快疫"。急性死亡后肾组织易于软化。魏氏梭菌可产生多种外毒素，依据毒素—抗毒素中和试验，可将其分为 A、B、C、D、E 5 个毒素型。羊肠毒血症由其中 D 型魏氏梭菌所引起。

病羊发生突然，呈腹痛、肚胀症状。患羊常离群呆立、卧地不起或独自奔跑。濒死期发生肠鸣或腹泻，排出黄褐色水样稀粪。病羊全身颤抖、眼球转动、磨牙、头颈后仰、四肢痉挛、口鼻流沫、口黏膜苍白、四肢和耳尖发冷、角膜反射消失，常于昏迷中死去。流行后期，有时可见病程缓慢的病例，病羊拉稀杂有黏液和血液，委顿和昏迷，病程可延至 12 小时或 2～3 天死亡。病羊体温一般不高。死羊胸、腹腔和心包积液。心脏扩张，心肌松软，心内、外膜有出血点。肺呈紫红色，切面有血液流出。肝脏肿大呈灰褐色半熟状，质地脆弱，被膜下有点状或带状溢血。胆囊肿大。特征变化是肠道，尤其是小肠和十二指肠黏膜充血、出血，重病者整个肠段壁呈血红色，或有溃疡，故对此有"血肠子病"一说。幼龄羊一侧或两侧肾脏软化如稀泥样。皮下组织血管舒张充血，血液凝固不良并含有气泡。全身淋巴结肿大，呈急性淋巴结炎，切面湿润，髓质部分黑褐色。

【预防】农牧区春夏之际，应尽量减少抢青、抢茬，秋季避免过食结籽饲草和蔬菜等多汁饲料。当羊群出现本病时要立即搬圈，转移到高燥的地区放牧。在常发地区应定期注射羊三联四防苗。

【治疗】对病程较缓慢的病羊，可使用青霉素肌内注射，每只羊80万～160万单位，每天2次；内服磺胺脒8～12克，第1天1次灌服，第2天分2次灌服；也可灌服10％石灰水，大羊200毫升，小羊50～80毫升，连服1～2次。此外，应结合强心、补液、镇静等对症治疗，有时尚能治愈少数病羊。

36 羊猝狙与羊肠毒血症是不同型的魏氏梭菌引起的疾病，其处理方案是否一样？

羊猝狙是由C型魏氏梭菌引起的一种毒血症，临床上以急性死亡、腹膜炎和溃疡性肠炎为特征。以1～2岁的成年绵羊发病较多，常流行于低洼、潮湿地区和冬春季节，主要经消化道感染。主要症状：病程短促，多未及见到症状即突然死亡。有发现病羊掉群、卧地，表现不安、衰弱或痉挛，于数小时内死亡。剖检可见十二指肠和空肠黏膜严重充血、糜烂，个别区段可见大小不等的溃疡灶，浆膜上有出血点。体腔有积液，暴露于空气易形成纤维素絮块。浆膜上有小点出血，羊刚死时骨骼肌表现正常，死后8小时，骨骼肌肌间积聚有液体，肌肉出血，有气性裂孔，这种变化与黑腿病的病变十分相似。

【预防】同羊快疫和羊肠毒血症。

【治疗】同羊快疫和羊肠毒血症。

37 羊黑疫的诊断特点有哪些？怎样防治？

羊黑疫又称"传染性坏死性肝炎"，是由B型诺维氏梭菌引起的绵羊、山羊的一种急性高度致死性毒血症。本病以肝实质发生坏死性病灶为特征。1岁以上的绵羊易发病，且以2～4岁营养好的绵羊多发；山羊也可患病，牛偶可感染。诺维氏梭菌广泛存在于自然界特别是土壤之中，羊采食被芽孢体污染的饲草后，芽孢由胃肠壁进入肝脏。当羊感染肝片吸虫时，肝片吸虫幼虫游走损害肝脏，使其氧化—还原电位降低，存在于该处的诺维氏梭菌芽孢即获适宜的条件，迅速生长繁殖，产生毒素，进入血液循环，引起毒血症，导致急性休克而死亡。本病主要发生于低洼、潮湿地区，以春、夏季节多发，发病常与肝片吸虫的感染侵袭密切相关。

【症状】与羊快疫、羊肠毒血症等疾病极为相似。病程短促，大多数发病羊表现为突然死亡，临床症状不明显。部分病例可拖延1～2天，病羊放牧时掉群，食欲废绝，精神沉郁，反刍停止，呼吸急促，体温41℃，常昏睡，俯卧而死亡。

【剖检】病羊尸体皮下静脉显著瘀血，使羊皮呈暗黑色外观（黑疫之名由此而来）。真胃幽门部、小肠黏膜充血、出血。肝脏表面和深层有数目不等的凝固性坏死灶，呈灰黑色不整圆形，周围有一鲜红色充血带围绕，坏死灶直径达2～3厘米，切面呈半月形。羊黑疫肝脏的这种坏死变化，具有重要诊断意义。这种病变与未成熟肝片吸虫通过肝脏时所造成的病变不同，后者为黄绿色、弯曲似虫样的带状病痕。体腔多有积液，心内膜常见有出血点。

【预防】在肝片吸虫病流行地区，对羊群每年至少安排2次定期驱虫。一次在秋末冬初，由放牧转为舍饲之前；另一次在冬末春初，由舍饲改为放牧之前。药物可选用蛭得净（溴酚磷），羊每千克体重16毫克剂量，一次内服；或使用丙硫苯咪唑，以每千克体重15～20毫克剂量，一次内服；也可使用三氯苯唑，以每千克体重8～12毫克剂量，一次内服。定期注射羊黑疫菌苗、黑疫快疫混合苗或羊厌气菌五联苗。发病时将羊圈搬至高燥处，也可使用抗诺维氏梭菌血清早期预防，皮下或肌内注射10～15毫升，必要时可重复一次。

【治疗】对病程稍缓的病羊，可肌内注射青霉素（用法同羊快疫），也可静脉或肌内注射抗诺维氏梭菌血清，一次量10～80毫升，连用1～2次。

38 羔羊痢疾的病原是什么？怎样防治？

羔羊痢疾是初生羔羊的一种急性毒血症，由B型魏氏梭菌所引起，以剧烈腹泻和小肠发生溃疡为特征。本病发病率和病死率均高。特别是草质差的年份或气候寒冷多变的月份，常可使羔羊大批死亡，给养羊业带来重大损失。

主要发生于 7 日龄以内的羔羊，尤以 2～5 日龄羔羊发病为多。羔羊生后数日，B 型魏氏梭菌可通过吮乳、羊粪或饲养人员手指进入消化道，也可通过脐带或创伤感染。在不良因素的作用下，羔羊抵抗力减弱，病菌在小肠大量繁殖，产生毒素，引起发病。羔羊痢疾的促发因素主要有：母羊怀孕期营养不良，羔羊体质瘦弱；气候骤变，寒冷袭击，特别是大风雪后，羔羊受冻；哺乳不当，饥饱不均等。

【症状】潜伏期 1～2 天。病初羔羊精神委顿，低头拱背，不想吃奶；不久即下痢，粪便恶臭，有的稠如面糊，有的稀薄如水，颜色黄绿、黄白甚至灰白，部分病羔后期粪便带血或为血便。病羔虚弱，卧地不起，常于 1～2 天内死亡。个别病羔腹胀而不下痢或只排少量稀粪（也可能粪便带血或成血便），主要表现为神经症状，四肢瘫软，卧地不起，呼吸急促，口流白沫最终昏迷，体温降至常温以下，若不及时救治，多在数小时或十几小时内死亡。尸体严重脱水，尾部污染有稀粪。最显著的变化在消化道，真胃内有未消化的乳凝块；小肠尤其回肠黏膜充血发红，常可见直径 1～2 毫米的溃疡病灶，溃疡灶周围有一充血、出血带环绕；肠系膜淋巴结肿胀充血，间或出血；心包积液，心内膜可见有出血点；肺脏常有充血区或出血斑。

【预防】对怀孕母羊做到产前抓膘增强体质，产后保暖，防止受凉。合理哺乳，避免饥饱不均。做好圈舍及用具的消毒工作。一旦发病应隔离病羊，对未发病羊要及时转圈饲养。在常发疫点可采取药物预防；羔羊出生后 12 小时内，灌服土霉素 0.12～0.15 克，每天一次，连服 3 天。每年秋季及时注射羊厌气菌病五联苗，必要时可于产前 2～3 周再接种一次。

【治疗】可选用的治疗方法有：土霉素 0.2～0.3 克，胃蛋白酶 0.2～0.3 克，加水灌服，每天 2 次；磺胺脒 0.5 克、鞣酸蛋白 0.2 克、碱式硝酸铋 0.2 克、碳酸钠 0.2 克，加水灌服，每天 3 次；如并发肺炎，可用青霉素 80 万单位、链霉素 80 万单位混合肌内注射，每天2次。在使用上述药物的同时，要适当采取对症治疗措施，如强心、补液、镇静，食欲不好者可灌服人工胃液（胃蛋白酶10克，浓盐酸5毫升，水1升）10毫升或番木鳖酊0.5毫升，每天1次。可配合中药疗法，对已下痢的病羔，可服用加减乌梅汤：乌梅（去核）、炒黄连、黄芩、郁金、炙甘草、猪苓各10克，诃子肉、焦山楂、神曲各12克，泽泻8克，干柿饼（切碎）1个，以上药研碎，加水400毫升，煎至150毫升，加红糖50克为引，一次灌服。或服加味白头翁汤：白头翁10克、黄连10克、秦皮12克、生山药30克、山萸肉12克、诃子肉10克、茯苓10克、白术15克、白芍10克、干姜5克、甘草6克，将上述药水煎2次，每次煎汤300毫升，混合后每只羔羊灌服10毫升，每天2次。

㊴ 放线杆菌病对羊有何严重影响？怎样防治？

放线杆菌病是牛、羊和其他家畜及人的一种非接触性慢性传染病。其特征为局部组织增生与化脓，形成放线菌肿。放线杆菌病的病原不仅存在于污染的土壤、饲料和饮水中，而且还寄生于动物口腔、咽部黏膜、扁桃体和皮肤等部位。因此，黏膜或皮肤上只要有破损，便可以感染。该病一般为散发。

【症状】常见下颌骨肿大，肿胀发展缓慢，最初的症状是下唇和面部的其他部位增厚，经过几个月才在增厚的皮下组织中形成直径达5厘米左右、单个或多数的坚硬结节，有时皮肤化脓破溃，形成瘘管。病羊不能采食，消瘦，衰弱。舌和咽部感染时，组织肿胀变硬，流涎，咀嚼困难。乳房患病时，呈弥漫性肿大或有局灶性硬结。在受害器官的个别部分，有扁豆粒至豌豆粒大的结节样生成物，这些小结节聚集而形成大结节，最后变为脓肿。脓肿中含有乳黄色脓液。这种肿胀系由化脓性微生物增殖的结果。当细菌侵入骨骼（颌骨、鼻甲骨、腭骨等）使骨体逐渐增大，状似蜂窝。这是由于骨质疏松和再生性增生的结果。切面常呈白色，光滑，其中镶有细小脓肿。也可发现有瘘管通过皮肤或引流至口腔。在口腔黏膜上有时可见溃烂，或呈蘑菇状生成物，圆形，质地柔软，呈褐黄色，病期长久的病例，肿块有钙化的可能。从临床症状可见，该病对羊的健康影响还是很严重的。

【预防】避免在低湿地放牧。舍饲的羊，最好将干草、谷糠等浸软后饲喂，避免刺伤羊的口黏膜。合理饲养管理及遵守兽医卫生制度，特别是防止皮肤、黏膜发生损伤。羊有伤口时应及时处理。

【治疗】硬结可用外科手术切除，若有瘘管形成，要连同瘘管彻底切除。切除后的新创腔，用碘酊纱布填塞，1～2 天更换一次；伤口周围注射 10% 碘仿醚或 2% 鲁戈氏液。内服碘化钾，每天 1～3 克，可连用 2～4 周；在用药过程中如出现碘中毒现象（脱毛、消瘦和食欲缺乏等），应暂停用药 5～6 天或减少剂量。抗生素治疗也有效，可同时用青霉素和链霉素注射于患病部位周围，青霉素每千克体重 1 万～1.5 万单位，链霉素每千克体重 1 万单位，每天一次，连用 5 天为一个疗程。

40 衣原体病对羊有哪些危害？怎样防治？

羊衣原体病是由鹦鹉热衣原体引起绵羊、山羊的一种传染病。临床上以发热、流产、死产和产出弱羔为特征。在疾病流行期，也有部分表现多发性关节炎、结膜炎等症状。

【症状】感染绵羊、山羊有不同的临床表现，主要有下列几种病型。

① 流产型。潜伏期 50～90 天。流产通常发生于妊娠的中后期，一般观察不到征兆，临床表现主要为流产、死产或娩出生命力不强的弱羔羊。流产后往往胎衣滞留，流产羊阴道排出分泌物可达数日。有些病羊可因继发感染细菌性子宫内膜炎而死亡。羊群首次发生流产，流产率可达 20%～30%，以后则流产率下降。流产过的母羊，一般不再发生流产。在本病流行的羊群中，可见公羊患有睾丸炎、附睾炎等疾病。

② 关节炎型。鹦鹉热衣原体侵害羔羊，可引起多发性关节炎。感染羔羊病初体温高达 41～42 ℃，食欲减退、掉群、不适，肢关节（尤其腕关节、跗关节）肿胀、疼痛，一肢或四肢跛行。患病羔

羊肌肉僵硬，或弓背而立，或长期卧地，体重减轻，生长发育受阻。有些羔羊同时发生结膜炎。发病率高，病程2～4周。

③ 结膜炎型。结膜炎主要发生于绵羊，特别是育肥羔和哺乳羔。病羔一眼或双眼均可患病，眼结膜充血、水肿，大量流泪。病后2～3天，角膜发生不同程度的混浊，出现血管翳、糜烂、溃疡或穿孔（彩图10）。数天后，在瞬膜、眼结膜上形成直径1～10毫米的淋巴滤泡（滤泡性结膜炎）。某些病羊可伴发关节炎，发生跛行。发病率高，育肥场羔羊可达90%，一般不引起死亡。病程6～10天，角膜溃疡者，病期可达数周。部分病例可发生肺炎、肠炎等疾患。

【剖检】

① 流产型。流产母羊胎膜水肿、增厚，子叶呈黑红色或黄色，胎膜周围的渗出物呈棕色。流产胎儿水肿，皮肤、皮下组织、胸腺及淋巴结等处有点状出血，肝脏充血、肿胀，表面可能有针尖大小的灰白色病灶。组织病理学检查，胎儿肝脏、肺脏、肾脏、心肌和骨骼肌血管周围网状内皮细胞增生。

② 关节炎型。关节囊扩张，发生纤维素性滑膜炎。关节囊内积聚有炎性渗出物，滑膜附有疏松的纤维素性絮片。患病数周的关节滑膜层由于绒毛样增生而变粗糙。

③ 结膜炎型。结膜充血、水肿。角膜发生水肿、糜烂和溃疡。瞬膜、眼结膜可见大小不等的淋巴样滤泡，组织病理学检查，可发现滤泡内淋巴细胞增生。

【防治】

① 预防。加强饲养卫生管理，消除各种诱发因素，寄生虫侵袭，增强羊群体质。流行本病的地区，用羊流产衣原体活疫苗对母羊和种公羊进行免疫接种，可有效控制羊衣原体流行。发病时，流产母羊及其所产弱羔应及时隔离。流产胎盘，产出的死羔应予以销毁。污染的羊舍、场地等环境用2%氢氧化钠溶液、2%来苏儿水等进行彻底消毒。

② 治疗。可肌内注射氟苯尼考每千克体重20～30毫克，每天

注射 2 次，连用 3～5 天；或肌内注射青霉素，80 万～160 万单位，每天 2 次，连用 3 天。也可将四环素混于饲料中喂给，连用 1～2 周。对感染羊长期注射长效土霉素制剂，可使怀孕母羊正常分娩。结膜炎患羊可用土霉素软膏点眼治疗。治疗期间，加强饲养管理，给予优质饲料和清洁饮水。

41 羔羊支原体病有哪些症状？怎样防治？

羔羊支原体病是由支原体引起的 30 日龄以内绵羊、山羊羊羔发生的一种急性传染病。发病急、病程短、病死率高，较大的羊和成年羊呈隐性感染。本病可通过消化道和呼吸道感染，还可通过带菌母羊的子宫与乳汁垂直传播给胎儿。

【症状与剖检】病羔精神沉郁，吮乳减少或废绝，后肢软弱甚至不能站立，少数病羔腕关节明显肿大。体温一般正常，少数可升高至 41 ℃，发病后 2～3 天因极度衰弱而死亡。部分病羔有头颈伸直、后仰、呻吟等表现，死亡率可达 67.7%。死后剖检可见肺尖叶、心叶有实变区，心脏、肝脏、肾脏有不同程度的变性。

【防治】目前尚无菌苗可供免疫接种。预防措施主要是不从疫区引种，以免传入本病。发病后，应加强饲养管理，隔离消毒，只要有一只羔羊发病，就应立即给怀孕后期的母羊和全部羔羊内服或肌内注射土霉素，剂量按每千克体重 30～40 毫克计，每天肌内注射 1 次，连续注射 3～5 天；或按每千克体重 40～50 毫克口服，每天 2 次，连服 3 天。羔羊可补充复合维生素，有预防作用。实验室药敏试验显示，本菌对大观霉素和多西环素高度敏感，可在临床上试用，治百炎的剂量与用法同土霉素，对已出现症状的羔羊治疗效果不佳。

42 传染性胸膜肺炎的病原与羔羊支原体病的病原有差异吗？传染性胸膜肺炎有哪些症状？怎样防治？

羊传染性胸膜肺炎又称羊支原体性肺炎，俗称"烂肺病"，是由支原体引起羊的一种高度接触性传染病，以发热、咳嗽、浆液性和纤维蛋白性肺炎及胸膜炎为特征，在亚洲、非洲及其他养羊发达地区呈广泛流行。

羊传染性胸膜肺炎和羔羊支原体病病原都为支原体，但是病原属不同的亚种，为丝状支原体山羊亚种和绵羊肺炎支原体，在血清学上是无交互免疫性的。其培养特性也不一样。自然条件下，丝状支原体山羊亚种只感染山羊，以3岁以下的山羊发病为多；绵羊肺炎支原体可感染山羊和绵羊。

传染性胸膜肺炎的病羊为主要传染源，病羊肺组织及胸腔渗出液中含有大量病原体，主要经呼吸道分泌物排菌。耐过羊在相当长的时期内也可成为传染源。本病常呈地方性流行，主要通过空气—飞沫经呼吸道传染，接触传染性强。阴雨连绵，寒冷潮湿，营养缺乏，羊群密集、拥挤等不良因素易诱发本病。羊痘、羊狂蝇侵袭等可继发该病，且发病率和死亡率较高。潜伏期短者5～6天，长者3～4周，平均18～20天。

【症状与剖检】传染性胸膜肺炎根据病程和临床症状，可分为最急性、急性和慢性3型。

① 最急性型。病初体温增高，可达41～42℃，极度委顿，食欲废绝，呼吸急促且有痛苦的鸣叫。数小时后出现肺炎症状，呼吸困难，咳嗽，并流浆液带血鼻液，肺部叩诊呈浊音或实音，听诊肺泡呼吸音减弱、消失或呈捻发音。12～36小时内，渗出液充满病肺并进入胸腔，病羊卧地不起，呼吸极度困难，黏膜发绀，最后窒息死亡。病程2～5天，有的12～24小时。

② 急性型。最常见。病初体温升高，食欲减退，呆立一隅不愿走动，继之出现短而湿的咳嗽，伴有浆液性鼻漏。4～5天后，咳嗽变干而痛苦，鼻液转为黏液—脓性并呈铁锈色，黏附于鼻孔和上唇，结成干固的棕色痂垢。多在一侧出现胸膜肺炎变化，叩诊有实音区，听诊呈支气管呼吸音和摩擦音，按压胸壁出现敏感、疼痛。病羊高热稽留不退，食欲锐减，呼吸困难和痛苦呻吟，眼睑肿胀，流泪或有黏液、脓性眼屎，口半开张，流泡沫状唾液，头颈伸直，腰背拱起，腹肋紧缩。孕羊大批发生流产，有的发生臌胀和腹

泻，甚至口腔发生溃烂，唇、乳房等部位皮肤发疹。濒死前体温降到常温以下。病期 7～15 天，有的可达 1 个月。幸而不死的转为慢性。

③ 慢性型。多见于夏季。全身症状轻微，体温升到 40 ℃ 左右。病羊间有咳嗽和腹泻，鼻涕时有时无，身体衰弱，被毛粗乱无光。在此期间如饲养管理不良，可因并发症而迅速死亡。潜伏期平均 18～20 天。病变多局限于胸部（图 2-2）。胸腔常有淡黄色积液，暴露于空气后其中纤维蛋白易凝固。病理损害多发生于一侧，并呈纤维蛋白性肺炎，间或为两侧性肺炎；肺实质肝变，切面呈大理石样变化；肺小叶间质变宽，界线明显；血管内常有血栓结成。胸膜增厚而粗糙，常与肋膜、心包膜发生粘连。支气管淋巴结、纵隔淋巴结肿大，切面多汁并有出血点。心包积液，心肌松弛、变软。肝脏、脾脏肿大，胆囊肿胀。肾脏肿大，被膜下可见有小点出血。病程久者，肺肝变区机化，结缔组织增生，甚至呈包囊化的坏死灶。

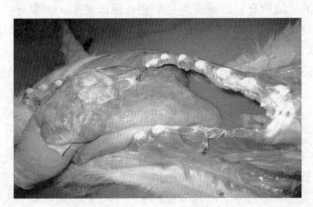

图 2-2 胸腔有大量积液和大量的纤维性渗出物；肺实质肝变；
肺小叶间质变宽，界线明显；胸膜增厚而粗糙

【防治】

① 预防。提倡自繁自养，新引入的山羊，应隔离观察 1 个月确认无病后方可混群；对疫区的假定健康羊，每年用山羊传染性胸

膜肺炎氢氧化铝苗接种。病菌污染的环境、用具等应严格消毒。

② 治疗。可用磺胺嘧啶钠注射液，皮下注射，每天 1 次；病的初期可使用土霉素，以每天每千克体重 20～50 毫克剂量分 2 次内服。氟苯尼考，每千克体重 20～30 毫克肌内注射，每天 2 次，连用 3～5 天。酒石酸泰乐菌素每天每千克体重 6～12 毫克，每天肌内注射 2 次，3～5 天为 1 个疗程。

43 导致传染性角膜结膜炎的病原有哪些？怎样防治？

传染性角膜结膜炎又名红眼病或流行性眼炎，是一种多病原的疾病。被提出作为本病病原的微生物有：衣原体（鹦鹉热衣原体）、结膜支原体、立克次氏体、奈氏球菌、李氏杆菌等。目前，一般认为主要由衣原体（鹦鹉热衣原体）引起。

【症状】眼结膜和角膜发生明显的炎症变化，伴有大量流泪，其后发生角膜混浊或呈乳白色，多为一侧眼睛发病。病初患畜怕光，经常流泪，泪液为清水状。数日后眼分泌物粘连睫毛，并沾污眼下皮毛，结膜充血，通常为粉红色，眼睑肿胀，患眼有明显的疼痛。病畜在发病 2～3 天后怕见阳光，在强烈的阳光下流泪特别明显，以后角膜慢慢发病。

病初在角膜中央出现很少的白色混浊，并逐渐波及整个角膜呈云雾状，此时视力明显减弱，甚至失明。角膜一旦出现新的血管，类似红色蛛网，部分病羊角膜混浊，并发生溃疡，形成角膜瘢痕及角膜翳，影响采食。病眼分泌出黏液性眼屎，有时发生眼前房积脓，眼内压增高，角膜突出破裂，甚至晶状体脱出，病变蔓延整个眼球，患畜完全失明。有的病例角膜发病，出现混浊，中央白点严重时角膜增厚，像一个白壳覆盖在眼球上，此时病羊即刻失明。

【预防】有条件的种畜场（羊场），应建立健康群，立即隔离病畜，划定疫区，定时清扫消毒，严禁牛、羊等易感动物流动；新购买的羊只，至少需隔离 60 天，方能允许与健康羊合群。用杀虫剂喷洒患畜，每周 1 次；也可用 0.05% 过氧乙酸细雾喷洒畜舍、空气或畜体。在疫区应加强饲养管理，及时采取隔离、封锁、消毒措施，防止疫情扩大。

【治疗】一般病羊若无全身症状，在半个月内可以自愈。发病后应尽早治疗，越快越好。用2%～4%硼酸液洗眼，拭干后再用3%～5%弱蛋白银溶液滴入结膜囊中，每天2～3次；用0.025%硝酸银液滴眼，每天2次；或涂以青霉素、四环素软膏，有人用青霉素、普鲁卡因做眼周围封闭。如发生角膜混浊或角膜翳时，可涂用1%～2%黄降汞软膏，每天1～2次。可用0.1%新洁尔灭或用4%硼酸水溶液，逐头洗眼后，再滴以5 000单位/毫升普鲁卡因青霉素（用时摇匀），每天2次。重症病羊加滴醋酸可的松眼药水，并在太阳穴、三江穴放血。角膜混浊者，滴视明露眼药水效果更好。

44　怎样防治山羊皮肤霉菌病？

山羊皮肤霉菌病是由皮肤霉菌引起的一种皮肤传染病。以头部发生圆形或不整形的脱毛、形成鳞屑和秃斑为特征。自然情况下，牛最易感，其次为猪、马、驴、绵羊、山羊及鸡，家兔、猫、狗、豚鼠等也易感。许多野生动物有感染的报道，人也易感，许多种皮肤霉菌可以人畜互传或在不同动物之间相互传染。

病变多呈圆形，直径1～4厘米，严重的可见几个秃斑连接在一起呈不整形，病变部脱毛覆盖一层白色或灰白色的鳞屑，刮去鳞屑，露出淡红色皮肤。病后期鳞屑也可自行脱落，呈光滑淡红色秃斑，秃斑周围的被毛极易拔脱。个别病例除头部病变外，还在背部、腰部、腹下部、股内侧、大腿外侧与会阴部等处出现单个圆形秃斑，或连成一大片，有的病灶表面覆盖一层较薄的柔软痂皮。病羊痒觉不明显。

【预防】平时应加强引种时的检疫工作。搞好羊舍与羊体皮肤卫生。发病后全群检查，隔离治疗病羊，羊舍可用2%热氢氧化钠液或0.5%过氧乙酸液消毒。

【治疗】治疗时先刮去痂壳，选用药物涂擦：10%水杨酸酒精或油膏，每天或隔天1次；10%浓碘酊，每天1～2次直至痊愈；

灰黄霉素软膏或克霉唑癣药水；5％～10％十一烯酸软膏。水杨酸6克、苯甲酸12克、石炭酸2毫升、凡士林100克，混匀外用；硫酸铜粉25克、凡士林75克，制成软膏，5天1次。

45 羊钩端螺旋体病临床症状及防治措施有哪些？

钩端螺旋体病是由钩端螺旋体引起的人、畜共患的一种自然疫源性传染病。临床特征为黄疸、血红蛋白尿、黏膜和皮肤坏死，短期发热和迅速衰竭。羊感染后多呈隐性经过。临床上该病传染率高，发病率低，症状轻的多、重的少，潜伏期2～20天。

【症状】

① 急性型。突然高热，黏膜发黄，尿色很黯，有大量白蛋白、血红蛋白和胆色素。血液中尿素浓度于病的末期达最高峰。常见皮肤干裂、坏死和溃疡。常于发病后3～7天内死亡。病死率甚高。

② 亚急性型。体温有不同程度的升高，食欲减少，黏膜发生黄染，母羊产奶量显著下降或停产，乳色变黄如初乳状并有血凝块，很少死亡。

③ 流产型。流产是羊钩端螺旋体病的重要症状之一。一些羊群暴发本病的唯一症状就是流产，但也可与急性症状同时出现；死亡病例尸体消瘦，皮肤有干裂性坏死性病灶，口腔黏膜有溃疡，且有不同程度的黄染，皮下胶样浸润及出血，肠黏膜及浆膜有大量出血，胸、腹腔有黄色渗出液。肺脏、心脏、肾脏和脾脏等实质器官有出血斑点。肝脏肿大、松软，呈黄色或色调不均匀，质地脆弱；肾脏肿大，皮质有散在的灰白色病灶。肠系膜淋巴结肿大、出血。

【防治】

① 预防。首先要消灭传染源，开展灭鼠工作，防止草料及水源被鼠类尿液污染。避免引进带菌羊，不要从疫区购买羊只，对新购入的羊只，必须隔离检疫30天，无病方可混群。消除和清理被污染的水源、污水、淤泥、牧地、饲料、场舍、用具等以防止传染和散播；实行预防接种和加强饲养管理，提高羊只的特异性和非特异性抵抗力。遇有疑似感染羊，可在饲料中混以0.05％～0.1％四

素，连喂 14 天有效。

② 治疗。链霉素和四环素等抗生素对本病有一定疗效。链霉素按每千克体重 1.5 万～2.5 万单位，肌内注射，每天 2 次，连用 3～5 天。土霉素按每千克体重 10～20 毫克，肌内注射，每天 1 次，连用 3～5 天。使用大剂量青霉素也有一定疗效。羊群发生该病时，立即隔离，治疗病羊及带菌羊；污染的水源、场地、栏舍、用具等进行消毒；及时用钩端螺旋体多价苗进行紧急预防接种。

46 羊附红细胞体病的危害及防控措施有哪些？

羊附红细胞体病是由附红细胞体寄生于人、畜等多种动物红细胞表面或血浆及骨髓中引起的一种人畜共患病。病羊主要以黄疸性贫血、发热、呼吸困难、虚弱、流产、腹泻为特征。不同年龄、品种的羊均有易感性，但只有怀孕母羊容易发病，以哺乳羔羊的母羊发病率和死亡率较高，有时可达 80%～90%，其他羊多为隐性感染。

本病以接触性、血源性、垂直性及媒介昆虫 4 种方式传播，其中吸血昆虫中的蚊、蝇、虱、螨等为主要传播媒介，其次为阉割、打记号、剪毛等使用的外科手术器械，注射针头等，母羊可通过胎盘垂直传染给羔羊。配种时公母羊可互相传播。本病的发生和昆虫的活动有密切关系，多发生于夏秋季节，尤其是多雨之后最易发病，常呈地方流行性。本病是多因素性疾病，品种的抗病能力弱、饲料营养不全面、卫生环境差、饲养管理技术不科学、免疫程序不合理等方面因素都可成为诱发本病的原因。羊在良好的饲养管理条件、卫生清洁的环境、合理的营养结构及机体防御机能健全的情况下，一般不会发生急性病例，或不表现临床症状。但是在应激，如长途运输、突然断奶、天气突变等，营养缺乏，不良环境以及其他疾病的作用下造成机体抵抗力下降时，可大面积暴发本病。

【症状】临床上根据本病的临床特点可分为急性型、亚急性型、慢性型三类。

① 急性型。主要发生于羔羊阶段，多突然死亡，死时口鼻出

血，全身红紫，指压褪色。有时突然瘫痪，食欲下降或废绝，无端嘶叫或呻吟，肌肉颤抖，四肢抽搐。死亡时口内出血，肛门出血。

② 亚急性型。潜伏期2～30天，病羊初期体温升高至41.5℃，最高达42.5℃，稽留5～8天。精神沉郁，食欲不佳，主要表现为前期便秘，后期腹泻，粪由稀、腥臭变为含有血和黏液。尿色变重，呈深黄色或酱油色。有些羊颈部、耳部、鼻部、胸腹下部、四肢内侧皮肤发红，指压不褪色，严重的出现全身紫斑，毛囊有铁锈色斑点。有的羊体渐消瘦，体表淋巴结肿大，后躯无力，喜卧。有的羊后肢不能站立，流涎，呼吸困难，咳嗽，眼结膜发炎。

③ 慢性型。主要表现为持续性贫血和黄疸。黄疸程度不一，皮肤或眼结膜呈淡黄色至深黄色，皮肤和黏膜苍白。母羊出现流产、死胎、弱羔增加、产羔数下降、不发情等繁殖障碍。母羊临产前后发病率较高，乳房、外阴水肿，产后泌乳量减少，缺乏母性。公羊出现性欲减退，精子稀薄、变形，畸形精子增多，受胎率低等现象。

【剖检】主要病理变化为贫血、黄疸。血液稀薄如水，不易凝固。全身肌肉颜色变淡，皮下有出血点，脂肪黄染。肝脏、肾脏、肺脏、脾脏肿大并且有大小不一的出血点或出血斑。腹水增加，肝脏可见黄条状坏死。脾脏边缘不整齐，有粟粒大的结节，有的边缘有出血点。胆囊膨胀，胆汁浓稠。心包积液，心肌苍白柔软，心外膜及心冠脂肪出现黄染，有少量针尖大出血点。全身淋巴结肿大，切面外翻，浆液渗出，切面有灰白色坏死灶或出血点。胃底部出血坏死严重，十二指肠黏膜脱落，肠管充血。膀胱苍白，黏膜有少量的出血点，内有积尿，颜色深黄或如浓茶。胸腹腔大量积液。

【防治】

① 预防。加强羊群的日常饲养管理，饲料营养全面，搞好羊舍及其周围的环境卫生，定期进行常规环境消毒工作。采用驱虫、药浴等方法消灭体表虱、螨等寄生虫。杀灭吸血节肢动物（蚊蝇）等。加强手术器械、注射针头、打耳号器的消毒，杜绝创伤感染。发病期间进行免疫注射接种时，每只羊都要更换针头，使用其他手

术器械时，严格消毒。

② 治疗。a. 血虫净（贝尼尔），每千克体重 5～10 毫克，用生理盐水稀释成 5％的溶液，深部多点肌内注射，每天 1 次，连用 3～5 天。b. 土霉素、四环素，每千克体重 10～20 毫克，口服、肌内注射或静脉注射，连用 7 天。c. 金霉素，每千克体重 15 毫克，连用 7 天。d. 洛克沙生，每千克饲料添加 50 毫克，连用 30 天。

根据出现的症状，采取相应的治疗措施；可用抗贫血药（如牲血素）做辅助性治疗，或用葡聚糖铁钴注射液。同时配合应用抗生素防止继发感染。

羊的病毒性疾病

47 羊主要病毒性疾病有哪些？综合防制原则是什么？

羊的主要病毒性疾病有：羊传染性脓疱病、羊痘、狂犬病、羊蓝舌病、梅迪-维斯纳病、绵羊肺腺瘤病、绵羊痒病、边界病、山羊病毒性关节炎-脑炎、口蹄疫、乙型脑炎。

综合防制原则：病毒性疾病都具有传染性，并且病后无特效的药物治疗，因此该类疾病的防治原则应以预防为主、治疗为辅：①做好防疫计划的制订和实施。②兽医要加强监督检查。③要定期检疫，及时发现处理可疑病畜。④加强饲养管理和兽医卫生工作。⑤适时的预防接种。对于发病羊群在保证疫病不扩散和蔓延的情况下进行适当治疗。

48 怎样诊治羊传染性脓疱病？

羊传染性脓疱病俗称"羊口疮"，是由羊口疮病毒引起的绵羊和山羊的一种传染性疾病。本病以患羊口唇等部位皮肤、黏膜形成丘疹、水疱、脓疱、溃疡及疣状厚痂为特征。该病在世界各地都有分布。

本病只危害绵羊和山羊，且以3～6月龄的羔羊发病为多，常呈群发性流行。成年羊也可感染发病，但呈散发性流行。人也可感染该病毒，主要通过损伤的皮肤和黏膜感染。多发生于气候干燥的秋季，无性别和品种差异。自然感染是由于引入病羊或带毒羊，或者使用被病羊污染的厩舍或牧场而引起。病毒的抵抗力较强，所以本病在羊群内可连续危害多年。

【症状】

① 唇型。病羊首先在口角、上唇或鼻镜上出现散在的小红斑，后小红斑逐渐变为丘疹和小结节，继而成为水疱或脓疱，破溃后结成黄色或棕色的疣状硬痂（彩图11、彩图12）。如为良性经过，则经1～2周痂皮干燥脱落而康复。严重病例患部继续发生丘疹、水疱、脓疱、痂垢并互相融合，甚至舌头严重溃烂（彩图13），波及整个口唇周围及眼睑和耳廓等部位，形成大面积龟裂、易出血的污秽痂垢。痂垢下伴以肉芽组织增生，痂垢不断增厚，整个嘴唇肿大外翻呈桑葚状隆起，影响采食，病羊日趋衰弱。部分病例常伴有坏死杆菌、化脓性病原菌的继发感染，引起深部组织化脓和坏死，致使病情恶化。有些病例口腔黏膜也发生水疱、脓疱和糜烂，使病羊采食、咀嚼和吞咽困难。个别病羊可因继发肺炎而死亡（图3-1、图3-2）。

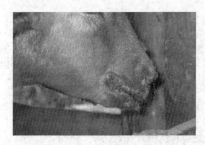 

图3-1 口角、整个嘴唇全是疱及破溃后结成疣状硬痂，嘴唇肿大外翻呈桑葚状隆起

图3-2 鼻腔周围、下唇、眼角、颈部前端已结痂的水疱、脓疱

② 蹄型。主要侵害绵羊，病羊多见一肢蹄患病，但也可能同时或相继侵害多处甚至全部蹄端。通常于蹄叉、蹄冠或系部皮肤上形成水疱、脓疱，破裂后则成为由脓液覆盖的溃疡。如继发感染则发生化脓、坏死，常波及基部、蹄骨，甚至肌腱或关节。病羊跛行，长期卧地，病情缠绵。也可能在肺脏、肝脏以及乳房中发生转

移性病灶，严重者衰竭而死亡或因败血症死亡。

③ 外阴型。外阴型病例较为少见。病羊表现为黏液性或脓性阴道分泌物，在肿胀的阴唇及附近皮肤上发生溃疡（彩图14）；乳房和乳头皮肤（多系病羔吸吮时传染）上发生脓疱、烂斑和痂垢（彩图15）。公羊则表现为阴囊鞘肿胀，出现脓疱和溃疡。

【防治】

① 预防。a. 勿从疫区引进羊或购入饲料、畜产品。引进羊须隔离观察2～3周，严格检疫，同时应将蹄部多次清洗、消毒，证明无病后方可混入大群饲养。b. 保护羊的皮肤、黏膜勿受损伤，捡出饲料和垫草中的芒刺。加喂适量食盐，以减少羊只啃土、啃墙，防止发生外伤。c. 本病流行区用羊口疮弱毒疫苗进行免疫接种，使用疫苗株毒型应与当地流行毒株相同。也可在严格隔离的条件下，采集当地自然发病羊的痂皮回归易感羊制成活毒疫苗，对未发病羊的尾根无毛部进行划痕接种，10天后即可产生免疫力，保护期可达1年左右。

② 治疗。病羊可先用水杨酸软膏将痂垢软化，除去痂垢后再用0.1%～0.2%高锰酸钾溶液冲洗创面，然后涂2%龙胆紫、碘甘油溶液或土霉素软膏，每天1～2次，至痊愈。蹄型病羊则将蹄部置3%～10%福尔马林溶液中浸泡1分钟，连续浸泡3次；也可隔日用3%龙胆紫溶液、1%苦味酸溶液或土霉素软膏涂拭患部。

49 羊痘有哪些症状？怎样鉴别羊痘和羊传染性脓疱病？

羊痘是由痘病毒引起绵羊（山羊少发）的一种急性、热性、接触性传染病。绵羊痘又名绵羊天花，是各种家畜痘病中危害最为严重的一种。

【症状】以无毛或少毛部位皮肤、黏膜发生痘疹为特征。病程一般初为红斑、丘疹，后变为水疱、脓疱，最后干结成痂、脱落而痊愈（彩图16）。

潜伏期平均6～8天。流行初期只有个别羊发病，以后逐渐蔓延至全群。病羊体温升高达41～42℃，精神不振，食欲减退，并

伴有可视黏膜卡他性、脓性炎
症。经1～4天后开始发痘。痘
疹多发生于皮肤、黏膜无毛或少
毛部位，如眼周围、唇、鼻、
颊、四肢内侧、尾内面、阴唇、
乳房（图3-3）、阴囊及包皮上。
开始为红斑，1～2天后形成丘
疹，突出于皮肤表面，坚实而苍
白。随后，丘疹逐渐扩大，变为
灰白色或淡红色半球状隆起的结
节。结节在2～3天内变为水疱，

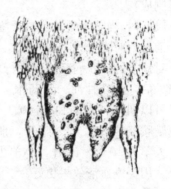

图3-3　乳房上布满痘疹

水疱内容物逐渐增多，中央凹陷呈脐状。在此期内，体温稍有下
降。由于白细胞的渗入，水疱变为脓性，不透明，成为脓疱。化脓
期间体温再度升高。如无继发感染，则几日内脓疱干缩成为褐色痂
块，脱落后遗留微红色或苍白色的瘢痕，经3～4周痊愈。非典型
病例不呈现上述典型症状或经过。有些病例病程发展到丘疹期而终
止，即所谓"顿挫型"经过。少数病例，因发生继发感染，痘病出
现化脓和坏疽，形成较深的溃疡，发出恶臭，常为恶性经过；病死
率可达25%～50%。尸检可见前胃和第四胃黏膜往往有大小不等
的圆形或半球形坚实结节（彩图17），单个或融合存在，严重者形
成糜烂或溃疡。咽喉部、支气管黏膜也常有痘疹，肺部则见干酪样
结节以及卡他性肺炎区（彩图18）。

　　羊痘和羊传染性脓疱病都是病毒性疾病，二者的主要区别在
于：羊传染性脓疱病全身症状不明显，病羊一般无体温反应，病变
多发生于唇部及口腔（蹄型和外阴型病例少见），很少波及躯体部
皮肤，痂垢下肉芽组织增生明显。

　　【预防】平时做好羊的饲养管理，羊圈要经常打扫，保持干燥
清洁，抓好秋膘。冬、春季节要适当补饲，做好防寒过冬工作。在
羊痘常发地区，每年定期预防注射羊痘鸡胚化弱毒疫苗，大、小羊
一律尾内或股内皮下注射0.5毫升，山羊皮下注射2毫升（该苗由绵

羊痘制成）。

【治疗】当羊发生羊痘时，立即将病羊隔离，将羊圈及用具等进行消毒。对尚未发病的羊群，用羊痘鸡胚化弱毒苗进行紧急注射。对病羊的皮肤病变酌情进行对症治疗，如用0.1％高锰酸钾清洗患处后，涂碘甘油、紫药水。对细毛羊、羔羊，为防止继发感染，可以肌内注射青霉素80万～160万单位，每天1～2次或用10％磺胺嘧啶钠10～20毫升，肌内注射1～3次。用痊愈血清治疗，大羊为10～20毫升，小羊为5～10毫升，皮下注射，预防量减半。用免疫血清效果更好。

山羊痘自然情况下较为少见。山羊痘只感染山羊，同群绵羊不受传染。其基本情况与绵羊痘相同。山羊痘的预防以往是用绵羊痘鸡胚化弱毒疫苗进行免疫接种。近年来，我国已研制出山羊痘弱毒疫苗，可用于山羊痘的预防，皮下接种0.5～1.0毫升，安全有效，保护期可达1年。其他防治措施参见绵羊痘。

50 羊有狂犬病吗？怎样防控？

狂犬病以犬类易感性最高，羊如果被犬咬伤就有可能感染而发病。

狂犬病俗称"疯狗病"，又名"恐水病"，以神经调节障碍、反射兴奋性增高、发病动物狂躁不安、意识紊乱为特征，最终发生麻痹而死亡。潜伏期的长短与感染部位有关，最短8天，长的1年以上。

【症状】本病在临床上分为狂暴型和沉郁型两种。

狂暴型：病初精神沉郁，反刍减少，食欲降低，不久表现起卧不安，出现兴奋性和攻击性动作，冲撞墙壁，磨牙流涎，性欲亢进，攻击人畜等。患病动物常舔咬伤口，使之经久不愈，后期发生麻痹，卧地不起，衰竭而死亡。

沉郁型：病例多无兴奋期或兴奋期短，很快转入麻痹期，出现喉头、下颌、后躯麻痹，流涎、张口、吞咽困难，最终卧地不起而死亡。

【防治】捕杀野狗和没有免疫的狗。养狗必须登记注册进行免疫接种。疫区与受威胁区的羊和易感动物接种弱毒疫苗或灭活苗。羊被患有狂犬病或可疑的动物咬伤时，应及时用清水或肥皂水冲洗伤口，再用碘酒或硝酸银等处理伤口，并立即接种狂犬病疫苗；有条件时也可用免疫血清进行治疗。

对被狂犬咬伤的羊和家畜一般应予捕杀，以免危害于人。

51 羊蓝舌病是不是只感染绵羊？还有哪些动物易感？

羊蓝舌病是由蓝舌病病毒引起的主发于绵羊的一种以库蠓为传播媒介的传染病。本病以发热、消瘦、口腔黏膜、鼻黏膜及消化道黏膜等发生严重的卡他性炎症为特征，病羊蹄部也常发生病理损害，因蹄的真皮遭受侵害而发生跛行。由于病羊特别是羔羊长期发育不良，及死亡、胎儿畸形、皮毛损坏等，此病可造成巨大的经济损失。

病羊和病后带毒羊为传染源，隐性感染的其他反刍动物也是危险的传染源。本病主要通过媒介昆虫库蠓叮咬传播，在新疫区羊群中的发病率为50%～70%，病死率为20%～50%。本病的分布多与库蠓的分布、习性及生活史密切相关，因此，多发生于湿热的晚春、夏季、秋季和池塘、河流分布广的潮湿低洼地区，也即媒介昆虫库蠓大量孳生、活动的季节和地区。

【症状】潜伏期3～10天。病羊体温升高达40℃以上，稽留5～6天。发病羊精神委顿，厌食流涎，掉群，双唇发生水肿，常蔓延至面颊、耳部，甚至颈部、胸部、腹部。舌及口腔黏膜充血、发绀，出现青紫色瘀斑。严重病例唇面、齿龈、颊部黏膜、舌黏膜发生溃疡、糜烂，致使吞咽困难。随着病情的发展，在溃疡损伤部位渗出血液，唾液呈红色，如有继发感染，则出现口臭。鼻分泌物初为浆液性，后变为黏脓性，常带血，结痂于鼻孔周围，引起呼吸困难。鼻黏膜和鼻镜糜烂出血。有些病例，蹄冠、蹄叶发生炎症，触之敏感，疼痛而跛行。病羊消瘦、衰弱，个别发生便秘或腹泻，常便中带血，最终死亡。怀孕母羊感染，则分娩出的胎儿可能畸形，如脑积水、小脑发育不足等。某些病羊痊愈后出现被毛脱落现象。病程6～14天。发病率一般为30%～40%，死亡率达2%～30%或者更高。山羊的症状与绵羊相似，但表现较为轻缓。病死羊各脏器和淋巴结充血、水肿和出血，下颌、颈部皮下胶样浸润。口腔黏膜糜烂并有深红色区，口唇舌、齿龈、硬腭和颊部黏膜水肿、出血；呼吸道、消化道、泌尿系统黏膜以及心肌、心内外膜可见有出血点。严重病例，消化道黏膜常发生坏死和溃疡。蹄冠等部位上皮脱落但不发生水疱。蹄叶发炎并形成溃烂。

【类症鉴别】羊蓝舌病通常应与口蹄疫、羊传染性脓疱病等疾病进行区别。

蓝舌病与口蹄疫的鉴别：口蹄疫为高度接触传染性疾病，牛、猪易感性强，临床症状典型而明显。蓝舌病则主要通过库蠓叮咬传播，且蓝舌病病毒不感染猪，人工接种不能使豚鼠感染。口蹄疫的糜烂性病理损害是由于水疱破溃而发生，蓝舌病虽有上皮脱落和糜烂，但不形成水疱。

蓝舌病与羊传染性脓疱病的鉴别：羊传染性脓疱病在羊群中以幼龄羊的发病率为高，患病羊口唇、鼻端出现丘疹和水疱，破溃以后形成疣状厚痂，痂皮下为增生的肉芽组织。病羊特别是年龄较大的羊，一般不显严重的全身症状，无体温反应。采集局部病变组织进行电镜负染检查，可发现呈线团样编织构造的典型羊口疮病毒。

【防治】

① 预防。加强海关对畜产品的检疫工作，严禁从有此病的地区和国家购买牛、羊和冷冻精液。非疫区一旦传入本病，应立即采取坚决措施，捕杀发病羊和与其接触过的所有易感动物，并彻底进行消毒处理。在疫区每年接种疫苗是防止本病的可靠方法。目前国外有鸡胚化弱毒疫苗和牛胎肾细胞致弱的组织苗，对绵羊有较好的免疫力。

② 治疗。药物对本病毒无杀灭作用，但采取对症与加强护理相结合疗法，对加速病羊的康复、防止继发感染具有重要意义。先用食醋或0.1%的高锰酸钾溶液冲洗口腔，然后再使用1%～3%硫

酸铜或 1％～2％明矾及碘甘油涂拭糜烂面。也可使用中药冰硼散外敷患部治疗。蹄部病患可先使用 3％来苏儿冲洗，再用碘甘油或土霉素软膏涂拭后以绷带包扎。对严重病例结合强心、补液。也可试用磺胺或抗生素类药物注射，以防止继发感染。

52 **梅迪-维斯纳病主要侵袭哪个阶段的绵羊？有何处理办法？应该与哪些疾病进行鉴别诊断？**

梅迪-维斯纳病是由梅迪-维斯纳病毒引起 2～4 岁的成年绵羊的一种慢性、接触性传染病。本病的特征是潜伏期长，病程缓慢。临床表现为间质性肺炎或脑膜炎。病羊衰弱、消瘦，终归死亡。梅迪和维斯纳含义分别是呼吸困难和消瘦。

吸入了病羊排出的含有病毒的飞沫、与病羊直接接触、经胎盘、乳汁等途径均可被感染，吸血昆虫也能成为传播者，通过污染的饲料、饮水以及牧草经消化道也可感染。

【症状】

① 梅迪病（呼吸道型）。梅迪病患羊首先表现为放牧时离群，出现干咳，随之呼吸困难日渐加重。病羊鼻孔扩张，头高抬、呼吸频数，听诊或叩诊可闻啰音或实音区。病羊体温一般正常，呈现慢性、进行性间质性肺炎，体重下降，逐渐消瘦、衰弱，最终死亡。病程一般为 2～5 个月甚至数年，病死率高。

② 维斯纳病（神经型）。维斯纳病病羊最初表现为步样异常，运动失调或轻瘫，特别是后肢，易失足和发软。轻瘫逐渐加重，最后发生全瘫。有些病例头部也有异常表现，口唇和眼睑震颤，头偏向一侧。病情缓慢进展并恶化，四肢陷入对称性麻痹死亡。病程数月甚至数年。感染绵羊可终身带毒，但大多数羊不出现临床症状。

【类症鉴别】鉴别诊断需考虑肺腺瘤病、蠕虫性肺炎、肺脓肿和其他的肺部疾病。肺腺瘤病的组织切片中，可发现大单核细胞聚集以及细支气管和肺泡管内上皮细胞增生，肺泡中隔上带有乳头状上皮突起，以致部分阻塞肺泡腔。蠕虫性肺炎则在细支气管内可发现寄生虫。肺脓肿和其他肺部疾病都有其特定的病变。

【防治】① 应从未发生本病的国家或地区引进绵羊和山羊。动物在进口前30天进行梅迪-维斯纳病琼脂扩散检测，结果阴性羊方可启运。口岸检疫中，如发现梅迪-维斯纳病阳性动物，则追回或捕杀销毁处理，同群动物严格隔离观察。② 本病迄今尚无特异性疫苗供免疫接种，也无有效的治疗方法。应防止健康羊群与病羊接触，发病羊及时隔离、淘汰。病尸或污染物应销毁或作无害化处理。圈舍、饲喂用具应用2％氢氧化钠或4％石炭酸消毒。定期用血清学试验检测羊群，淘汰有临床症状的羊以及血清学反应阳性的羊及其后代，以清除本病，净化畜群。

53 绵羊肺腺瘤病怎样防治？

绵羊肺腺瘤病又名"绵羊肺癌"或"驱赶病"，是由绵羊肺腺瘤病病毒引起的一种慢性、接触传染性肺脏肿瘤病。本病的特征为潜伏期长，肺泡和支气管上皮进行性肿瘤性增生，病羊消瘦，咳嗽，呼吸困难，终归死亡。

各种品种和年龄的绵羊均能发病，以美利奴绵羊的易感性为高。临床发病多为3～5岁的绵羊，2岁以内的羊较少出现症状。除绵羊外，本病山羊也可发生。病羊是主要传染源，病羊通过咳嗽、喘气将病毒排出，经呼吸道使附近的易感羊感染。羊群拥挤，尤其在密闭的圈舍中，有利于本病的传播。气候寒冷，可使病情加重，也容易引起感染羊继发细菌性肺炎，致使病程缩短，死亡增多。山羊对本病有一定抵抗力，但有的国家有山羊鼻内肿瘤的报道。

【症状】该病潜伏期很长，半年至2年不等。人工感染的潜伏期长达3～7个月。只有成年绵羊和较大的羊才见到临床表现，病羊逐渐出现虚弱、消瘦、呼吸困难等症状。病初，病羊因剧烈运动而呼吸加快，随着病情的发展，呼吸快而浅表，吸气时常见头颈伸直、鼻孔扩张。病羊常有湿性咳嗽。当支气管分泌物积聚于鼻腔时，则出现鼻塞音，低头时，分泌物自鼻孔流出。分泌物检查，可见增生的上皮细胞。肺部叩诊、听诊，可知湿啰音和肺实变区。疾病后期，病羊衰竭、消瘦、贫血，但仍可站立。体温一般正常。病羊常继发细菌性感染，引起化脓性肺炎，导致急性发作、有时可能呈发热性病程。病羊最终因虚脱而死亡，病死率高，可达100%。病羊死后的病理变化主要局限于肺部及胸部。早期病羊肺尖叶、心叶、膈叶前缘等部位出现弥散性小结节，质地硬，稍突出于肺表面，切面可见颗粒状突起物，反光性强。随病程的进展，肺脏出现大量肿瘤组织构成的结节，粟粒至枣子大小。有时一个肺叶的结节增生、融合而形成较大的肿块。继发感染时则形成大小不一的脓肿。患区胸膜增厚，常与胸壁、心包膜粘连。支气管淋巴结、纵隔淋巴结增大，也形成肿块。体腔内常积聚少量的渗出液。病理组织学检查，肿瘤是由支气管上皮细胞所组成，除见有简单的腺瘤状构造外，还可见到乳头状瘤构造。新增生的细胞呈立方形，胞浆丰富、淡染，核丰富，呈圆形或卵圆形，有的无绒毛结构。排列紧密的上皮细胞由于异常增生而向肺泡腔和细支气管内延伸，形如乳头状或手指状，逐渐取代正常的肺泡腔。在肺腺瘤病灶之间的肺泡内有大量的巨噬细胞浸润。这些细胞常被腺瘤上皮分泌的黏液连在一起，形成细胞团块。支气管淋巴结、纵隔淋巴结失去正常结构，代之以类似肺内的腺瘤状构造。

【防治】尚无有效治疗方法，也无特异性的预防制剂。防制工作的重点是坚决不从疫区引进羊；进羊时严格检疫羊群，一经发现该病，很难清除，故须全群淘汰，以清除病原。

54 绵羊痒病是一种什么样的怪病？其危害怎样？

绵羊痒病又称慢性传染性脑炎，又名"驴跑病""瘙痒病"或"震颤病"，是由痒病朊病毒引起的成年绵羊的一种缓慢发展的中枢神经系统性疾病。临床特征是潜伏期特别长，患病动物共济失调，皮肤剧痒，精神委顿，麻痹，衰弱，瘫痪，最终死亡，痒病是历史最久的传染性海绵状脑病，可谓传染性海绵状脑病的原型。羊群遭受本病感染后，很难清除，几乎每年都有不少羊因患该病而死亡或淘汰。痒病的危害不仅是羊群死亡淘汰损失，更重要的是失去了活羊、羊精液、羊胚胎以及有关产品的市场，对养羊业危害极大。

不同性别、品种的羊均可发生痒病，但品种间的易感性存在着明显的差异，如英国萨福克种绵羊更为敏感。痒病具有明显的家族史，在品种内某些受感染的谱系发病率高。一般发生于2~5岁的绵羊，5岁以上和1.5岁以下的羊通常不发病。患病羊或潜伏期感染羊为主要传染源。痒病可在无关联的羊间水平传播，患羊不仅可以通过接触将病原传给绵羊或山羊，也可垂直传播给后代。健康羊群长期放牧于污染的牧地（被病羊胎膜污染），也可引起感染发病。通常呈散发性流行，感染羊群内只有少数羊发病，传播缓慢。小鼠、仓鼠、大鼠和水貂等实验动物均可人工感染痒病。羊群一旦感染痒病，很难根除，几乎每年都有少数患羊死于本病。

【症状】自然感染潜伏期1~3年或更长。起病大多不知不觉。早期，病羊敏感、易惊。有些病羊表现有攻击性或离群呆立，不愿采食。有些病羊则容易兴奋，头颈抬起，眼凝视或目光呆滞。大多数病例通常呈现行为异常、瘙痒、运动失调及痴呆等症状，头颈部以及腹肋部肌肉发生频繁而细微的震颤。瘙痒症状有时很轻微以至于观察不到。用手抓搔患羊腰部，常发生伸颈、摆头、咬唇或舔舌等反射性动作。严重时患羊皮肤脱毛、破损甚至撕脱。病羊常啃咬腹肋部、股部或尾部；或在墙壁、栅栏、树干等物体上摩擦痒部皮肤，致使被毛大量脱落、皮肤红肿、发炎，甚至破溃出血。病羊常以一种高举步态运步，呈现特殊的驴跑步样姿态或雄鸡步样姿态，后肢软弱无力，肌肉颤抖，步态蹒跚。病羊体温一般不高，可照常采食，但日渐消瘦，体重明显下降，常不能跳跃，遇沟坡、土堆、门槛等障碍时，反复跌倒或卧地不起。病程数周或数月，甚至1年以上，少数病例也取急性经过，患病数日即突然死亡。病死率高，几乎达100%。

【剖检】除见尸体消瘦、被毛脱落及皮肤损伤外，常无肉眼可见的病理变化。病理组织学检查突出的变化是中枢神经系统的海绵样变性。自然感染的病羊，以中枢神经系统神经元的空泡变性和星状胶质细胞肥大增生为特征，病变通常是非炎症性的，且两侧对称。大量的神经元发生空泡化，胞质内出现一个或多个空泡，呈圆形或卵圆形，界线明显，胞核常被挤压于一侧甚至消失。神经元空泡化主要见于延脑、脑桥、中脑和脊髓。星状细胞肥大增生呈弥漫性或局灶性多见于脑干的灰质和小脑皮质内。大脑皮层常无明显的变化。

【防治】①严禁从有痒病的国家和地区引进种羊、精液及羊胚胎。引进动物时，严格口岸检疫。引入羊在检疫隔离期间发现痒病应全部扑杀、销毁，并进行彻底消毒，以除后患。不得从有病国家和地区购入含反刍动物的饲料。②无病地区发生痒病，应立即申报，同时采取扑杀、隔离、封锁、消毒等措施，并进行疫情监测。③本病目前尚无有效的预防和治疗措施。常用的消毒方法有：焚烧；5％～10％氢氧化钠溶液作用 1 小时；5％～10％次氯酸钠溶液作用 2 小时；浸入 3％十二烷基磺酸钠溶液煮沸 10 分钟。

55 羊边界病有何临床特征？如何预防？

羊边界病是绵羊羔的一种传染病。引起胎儿和新生羔死亡或产出病羔，病羔因中枢神经系统髓鞘质生成缺陷，呈现肌肉震颤等神经症状。细毛羊病羔被毛里出现大量粗毛，有严重色素沉着。该病目前有扩大蔓延的趋势。我国尚未发现本病。

病羔在生长成熟后的好几年内，仍保持其对后代的感染性，但母羊本身不显症状。感染羔的皮肤和肾脏中存在病毒，是畜群中水平传播的来源；子宫、卵巢或睾丸生殖细胞中存在的病毒，是垂直传播的来源。

【症状】该病发病率低。通常在产羔期出现病情，流产可发生于妊娠的任何时期。母羊感染后发生急性局灶性坏死性胎盘炎，部分新生羔羊个体小、体重轻。被毛粗乱，生长过多过长，毛色异常。有的病羔出现头颈不自主性的肌肉震颤，有时后肢或全身颤抖。由于被毛粗乱，走路时表现摇摆，故也称"粗毛摇摆病"。病羔多在离乳前死亡，少数存活羔羊的神经症状于3～4个月内逐渐减轻或消失。

【防治】目前尚无特异的防治方法。扑杀病羔及母羊，是防治边界病的主要措施。虽然试用疫苗，但免疫效果尚不确实。我国尚无此病发生，应注意防止从国外传入本病。

56 山羊病毒性关节炎-脑炎有哪些传播途径？

山羊病毒性关节炎-脑炎是一种病毒性传染病。临床特征是成年羊为慢性多发性关节炎，间或伴发间质性肺炎或间质性乳腺炎；羔羊常呈现脑脊髓炎症状。本病呈世界性分布且在许多国家感染率很高，潜伏期长，感染山羊终生带毒，没有特异性的治疗方法，最终死亡，对羊群的生产性能影响极大，可造成严重的经济损失。

患病山羊和潜伏期隐性患羊是本病的主要传染源，山羊是本病的易感动物。本病的主要传播方式为水平传播，子宫内感染偶尔发生。感染途径以消化道为主。病毒经乳汁感染羔羊，被污染的饲草、饲料、饮水等可成为传播媒介。在自然条件下，只在山羊间互相传染发病，绵羊不感染。无年龄、性别、品系间的差异，但以成年羊感染居多。感染率为15%～81%，感染母羊所产的羔羊当年发病率为16%～19%，病死率高达100%。水平传播至少同群放牧12个月以上；带毒公羊和健康母羊接触1～5天不引起感染。不排除呼吸道感染和医疗器械接触传播本病的可能性。

【症状与剖检】感染本病的羊只，在良好的饲养管理条件下，常不出现症状或症状不明显。只有通过血清学检查，才能发现。一旦改变饲养管理条件、环境或长途运输等应激因素的刺激，则会出现临床症状。依据临床表现分为三型：脑脊髓炎型、关节炎型和间质性肺炎型。多为独立发生，少数有所交叉。但在剖检时，多数病例具有其中两型或三型的病理变化。

① 脑脊髓炎型。潜伏期53～131天。主要发生于2～4月龄羔羊。有明显的季节性，80%以上的病例发生于3～8月，显然与晚

冬和春季产羔有关。病初病羊精神沉郁、跛行，进而四肢强直或共济失调。一肢或数肢麻痹、横卧不起、四肢划动，有的病例眼球震颤、惊恐、角弓反张，头颈歪斜或做圆圈运动。有时面神经麻痹，吞咽困难或双目失明。病程半月至1年。个别耐过病例留有后遗症。少数病例兼有肺炎或关节炎症状。

②关节炎型。发生于1岁以上的成年山羊，病程1~3年。典型症状是腕关节肿大和跛行。膝关节和跗关节也有罹患。病情逐渐加重或突然发生。开始，关节周围的软组织水肿、湿热、波动、疼痛，有轻重不一的跛行，进而关节肿大如拳，活动不便常见前膝跪地膝行。有时病羊肩前淋巴结肿大。透视检查，轻型病例关节周围软组织水肿；重症病例软组织坏死，纤维化或钙化，关节液呈黄色或粉红色。

③间质性肺炎型。较少见。无年龄限制，病程3~6个月。患羊进行性消瘦，咳嗽，呼吸困难，胸部叩诊有浊音，听诊有湿啰音。

除上述3种病型外，哺乳母羊有时发生间质性乳房炎。

【防治】尚无有效疗法和疫苗。主要以加强饲养管理和防疫卫生工作为主。执行定期检疫，及时淘汰血清学反应阳性羊。引入羊只实行严格检疫，特别是引进国外品种，除执行严格的检疫制度外，入境后还要单独隔离观察，定期复查，确认健康后，才能转入正常饲养繁殖或投入使用。在无病地区还应提倡自繁自养，严防本病由外地带入。

57 羊会发生口蹄疫吗？目前对该病的有效防控措施是什么？

口蹄疫是一种具有高度传染性的急性传染病。其特征是口腔黏膜、趾间及乳房上发生水疱和烂斑，它是一种人畜共患的传染病。

口蹄疫病毒的毒力很强，对外界的抵抗力相当大，在羊毛、干草和粪便中能存活很长时间，能使各种偶蹄兽发病，人也具有易感性。病毒及带毒动物为传染源，主要经消化道感染，也可经受伤的皮肤、黏膜及呼吸系统传播。在新疫区呈流行性，发病率可达100％，而在老疫区发病率较低，常呈现一定的季节性，秋末开始，冬季加剧，春季减缓，夏季平息。

【症状】在病毒进入血液阶段，病羊体温升高到 40 ℃以上，精神沉郁，食欲减退，继则在口腔黏膜及趾间、乳头的皮肤上，发生豌豆大至蚕豆大的水疱。以后水疱互相融合，形成大水疱或连成一片，并很快破溃，遗留边缘整齐的红色烂斑。病羊大量流涎，开口时常可听到吸吮音。当四肢同时患病时，经常交替负重，并常抖动后肢，运步时呈现跛行，严重者长期伏卧，起立困难。如感染化脓或发生坏死时，蹄匣可能脱落，蹄骨出现坏死等。

绵羊患病时，主要在蹄冠、蹄踵和趾间发生水疱和糜烂，口腔很少见到病变。山羊患病时，口腔及蹄部都有水疱和烂斑。

【剖检】除口腔、蹄部和乳房等都出现水疱和烂斑外（彩图19、彩图20），严重者咽喉、气管、支气管和前胃黏膜有时也有烂斑和溃疡，前胃和大小肠黏膜可见出血性炎症，心包膜有散在性出血点，心肌切面呈现灰白色或淡黄色斑点或条纹，称为"虎斑心"，心肌松软，似煮熟状。

【预防】

① 常发生口蹄疫的地区，应根据发生口蹄疫的类型，每年对所有的羊注射相应的口蹄疫疫苗，常用的为口蹄疫 O 型、Asia Ⅰ型双价灭活疫苗，注射后 14 天可产生免疫力，免疫期为 4～6 个月。每年注射 2～3 次。

② 发生口蹄疫后，采取病料送检定型，迅速上报，并通知相邻单位，组织联防机构，划定疫区，进行封锁，争取早期就地扑灭。被病羊污染的场地和用具用 2％氢氧化钠溶液或 10％的生石灰水消毒。病尸不能食用，急宰病羊的肉经煮熟后可于疫区内食用。皮毛可用 2％氢氧化钠溶液浸泡消毒，羊的粪便需经发酵后使用。病羊放牧过的场所，夏季经两周，春季经两个月后才能放牧，在最后一只病羊痊愈或死亡后经 14 天无新病例出现时，经彻底消毒，可解除封锁。

【治疗】本病一般不允许治疗，发病后就地扑杀进行无害化处理。

58 羊的小反刍兽疫有何临床特征？如何诊断和处理？

小反刍兽疫俗称羊瘟，又名小反刍兽假性牛瘟、肺肠炎、口炎肺肠炎复合症，是由小反刍兽疫病毒引起的一种急性接触性传染病，主要危害山羊和绵羊，而以山羊患病后的损失更为严重。本病以发热、口腔炎、结膜炎、胃肠炎和肺炎为特征，主要通过接触传染，病毒可通过口、鼻等途径进入易感动物，病羊的眼、鼻、口腔分泌物、粪便和尿液为主要的传染源。该病还能通过野生动物感染传播。全年均能发生，流行周期3年。母源抗体可以保护4～5月龄以内的幼龄动物。

【症状与剖检】小反刍兽疫以急性发病为主，潜伏期3～6天；病羊迟钝，发热，眼和鼻出现水样分泌物，后期这些分泌物会发展为卡他性黏液脓性渗出物，引起上呼吸道堵塞，发生呼吸困难，出现支气管肺炎典型病变（彩图21）。黏膜充血严重，口腔出现糜烂性溃疡，口腔内严重坏死的病灶，使得病羊呼出气体带有臭味。淋巴结肿大，脾脏有坏死性病变（彩图22）。幼龄羊常出现水样腹泻，或发生轻度腹泻，后期出现带血水样腹泻、严重脱水、消瘦、体温下降等症状。

【诊断】主要根据临床症状和流行病学进行初步诊断，病例确诊需由中国动物卫生与流行病学中心国家外来动物疫病诊断中心实验室进行。

【预防】采用消毒措施控制该病很困难，有效的方法是免疫易感动物。新疆天康畜牧生物技术股份有限公司生产的小反刍兽疫活疫苗，免疫保护期为1～3年；1月龄以上的羊进行全面免疫后，每年春、秋两季对未免疫的新生羊进行补免，对免疫期满3年的羊再免疫一次。

【治疗】本病不允许治疗。患病羊就地捕杀进行无害化处理。

第四章

羊的寄生虫病

59 抗羊寄生虫病的常用药物有哪些？

常用的药物有：盐酸噻咪唑（驱虫净）、阿苯达唑、盐酸左旋咪唑（左咪唑）、硫苯咪唑、甲苯咪唑（甲苯唑）、精制敌百虫、吡喹酮、灭绦灵（氯硝柳胺）、硫双二氯酚（别丁）、硝氯酚（拜耳9015）、阿维菌素（灭虫丁、虫克星）、二氯苯醚菊酯（除虫精）、伊维菌素等14种。在使用时可根据感染的种类程度等进行选用。

60 片形吸虫（肝片和大片）主要寄生在羊的肝胆，羊感染后有哪些症状？怎样治疗？

片形吸虫病主要有肝片吸虫（图4-1）和大片吸虫，是牛羊的主要寄生虫之一，其寄生部位主要是肝脏胆总管中，引起的疾病是慢性或急性肝炎和胆管炎，同时伴发全身性中毒现象及营养障碍等症状，病羊大批死亡。慢性和急性症状的患羊因消瘦而使体重和毛、乳产量显著下降，肝脏因病变而必须废弃。临床上轻度感染往往不表现症状；感染多量时则表现症状，但羔羊即使轻度感染也可能表现症状。

【症状】根据病期一般可分为急性型和慢性型两种类型。

① 急性型（童虫寄生阶段）。多因短

图4-1 肝片吸虫

期感染大量囊蚴所致。病羊初期发热，不食，精神委顿，衰弱易疲劳，离群。肝区压痛明显，腹水，排黏液性血便，全身颤抖。红细胞及血红蛋白显著降低，严重者多在几天内死亡。

② 慢性型（成虫寄生阶段）。主要表现消瘦，贫血，低蛋白血症。病羊黏膜苍白黄染，食欲不振，异嗜，被毛粗乱无光，步行缓慢。在眼睑、下颌、胸腹下出现水肿，便秘与下痢常交替发生，最后可因极度衰竭死亡。

【剖检】病理变化主要呈现在肝脏，其变化程度与感染虫体的数量及病程长短有关。在大量感染、急性死亡的病例中，可见到急性肝炎和大出血后的贫血现象，肝脏肿大，包膜有纤维沉积（彩图23），有2～5毫米长的暗红色虫道，虫道内有凝固的血液和少量幼虫。腹腔中有血红色的液体，有腹膜炎病变。

慢性病例主要呈现慢性增生性肝炎；在肝组织被破坏的部位出现淡白色索状瘢痕，肝实质萎缩、褪色、变硬、边缘钝圆，小叶间结缔组织增生。胆管肥厚、扩张呈绳索样突出于肝表面；胆管内有磷酸钙和磷酸镁等盐类的沉积，使内膜粗糙，刀切时有"沙沙"声，胆管内有虫体和污浊稠厚的液体（彩图24）。病尸出现消瘦贫血和水肿现象，胸膜腔及心包内蓄积有透明的液体。

【防治】必须采取综合性防治措施，才能取得较好的效果。

① 预防。a. 定期驱虫：在本病流行区每年应结合当地具体情况进行1～2次驱虫，一般可选择在秋末冬初进行。如进行两次驱虫，另一次可安排在翌年的春季。b. 粪便处理：对畜粪及时清理堆积发酵，杀死虫卵。c. 饮水及饲草卫生：尽量不在有椎实螺孳生的地方放牧，以防感染囊蚴。饮用水最好使用自来水、井水或流动的河水。d. 消灭中间宿主：可结合水土改造以破坏椎实螺的生活条件。沼泽地区可施用硫酸铜溶液（1∶50 000）或以2.5微升/升的血防67及20%的氯水灭螺。此外，还可辅以生物灭螺，如养鸭和其他水禽等。

② 治疗。a. 丙硫苯咪唑：每千克体重15～25毫克，一次口服。b. 蛭得净（溴酚磷）：每千克体重16毫克，一次口服，对成

虫和幼虫均有很好疗效。c. 硝氯酚（拜耳 9015）：每千克体重 4～5 毫克，一次口服，驱成虫有高效。d. 肝蛭净（三氯苯唑）：每千克体重 10 毫克，一次口服，对发育各阶段的肝片吸虫均有效。e. 碘醚柳胺：每千克体重 7.5 毫克，一次口服，对成虫和 6～12 周未成熟的肝片吸虫均有效。f. 硫双二氯酚（别丁）：每千克体重 80～100 毫克，灌服，对驱成虫有效。g. 克洛素隆：每千克体重 7 毫克，口服给药，对潜伏性肝片吸虫感染疗效极高。h. 克洛素隆和伊维菌素协同用药：克洛素隆按每千克体重 2 毫克，伊维菌素每千克体重 0.2 毫克，一次皮下注射，有效率达 100%。i. 硝碘酚腈和左旋咪唑联合给药：硝碘酚腈每千克体重 14 毫克皮下注射＋左旋咪唑每千克体重 10 毫克口服，虫卵减少率均为 100%。j. 硫双二氯酚和左旋咪唑联合用药：硫双二氯酚每千克体重 100 毫克，左旋咪唑每千克体重 10 毫克，一次口服，虫卵减少率均为 100%。

61 歧腔吸虫（双腔吸虫）主要危害羊的肝胆，与片形吸虫引起的疾病有何差别？怎样防治？

双腔吸虫（图 4-2）寄生于羊的胆管和胆囊内中而引起疾病。本病的发生具有明显的季节性，一般在夏、秋感染而多在冬、春发病。其临床症状和解剖情况与片形吸虫都有差别。

【临床】因感染强度不同，其症状有所差异。轻度感染的羊与片形吸虫感染一样常不显临床症状。严重感染时则表现精神沉郁，食欲不振，黏膜苍白黄染，下颌水肿，腹胀，下痢，行动迟缓，渐进性消瘦，终因极度衰竭死亡。有些病羊常继发肝源性感光过敏症。其表现为，多在阳光明媚的上午（10～11

图 4-2 双腔吸虫

左：矛形双腔吸虫 右：中华双腔吸虫

时）放牧时，突然发生耳和头面部急性肿胀（水肿），影响采食视物，全身症状恶化，常常引起死亡。不死者肿胀很难消退，往往形成大面积破溃、渗出、结痂或继发细菌感染等。

死亡羊只可见肝肿大变硬，胆管扩张，管壁增厚，周围结缔组织增生，挤压切开的肝脏断面，常见从大、小胆管内流出多量黄白色脓性物质，内含有大量不同阶段的虫体和虫卵。胆囊肿大，同样在胆汁内也混有大量不同发育阶段的虫体和虫卵。

【预防】与肝片吸虫病相同，应以定期驱虫为主。同时加强羊群的饲养管理，以提高其抵抗力。注意消灭中间宿主，阻断病原传播途径及感染来源。粪便亦应进行堆肥发酵处理，以杀灭虫卵。

【治疗】①海涛林：每千克体重 30～80 毫克，一次灌服，对双腔吸虫病有特效。②丙硫苯咪唑：每千克体重 30～40 毫克，一次灌服。③六氯对二甲苯（血防 846）：每千克体重 200～300 毫克，一次灌服。④吡喹酮：每千克体重 60～80 毫克，一次灌服。⑤噻苯达唑：每千克体重 150～200 毫克，一次灌服。⑥硝氯酚：每千克体重 4～8 毫克，一次灌服。

62 前后盘吸虫病有何临床症状？怎样防治？

前后盘吸虫（图 4-3）病是由前后盘科的各属吸虫寄生而引起的寄生虫病。成虫主要寄生于牛、羊等多种反刍兽的瘤胃壁上，有时在网胃、瓣胃也可发现，一般危害不大。而幼虫阶段，则因在发育过程中移行于真胃、小肠、胆管、胆囊，可造成较严重的疾病，甚至死亡。

图 4-3 前后盘吸虫的成虫

【症状与剖检】患羊表现顽固性腹泻，粪便常有腥臭味，体温有时升高，消瘦，贫血，下颌水肿，黏膜苍白，后期因极度消瘦衰竭死亡。可见尸体消瘦，黏膜苍白，唇和鼻镜上有浅在的溃疡，腹腔内有红色液体，有时在液体内还可发现幼小虫体。真胃幽门部、小肠黏膜有卡他性炎症，黏膜下可发现幼小虫体，肠内充满腥臭的稀粪。病变各处均有多量童虫（彩图26）。胆管、胆囊膨胀，内有童虫。成虫寄生部位损害轻微，常可在瘤胃壁的胃绒毛之间吸附有大量成虫。

【预防】参照肝片吸虫病。

【治疗】①氯硝柳胺（又称灭绦灵）：对驱除幼虫效果良好，每千克体重75～80毫克，口服。②硫双二氯酚：驱成虫疗效显著，驱幼虫亦有较好的效果。每千克体重80～100毫克，口服。③溴羟替苯胺：驱成虫、幼虫均有较好的疗效。每千克体重65毫克，制成悬浮液，灌服。

63 血吸虫主要寄生在羊的哪些部位？怎样防治？

血吸虫（图4-4和图4-5）寄生在门静脉、肠系膜静脉和盆腔静脉内，引起贫血、消瘦与营养障碍等疾患。分体属的吸虫寄生

图4-4 日本血吸虫雌雄合抱
1. 口吸盘 2. 腹吸盘 3. 抱雌沟

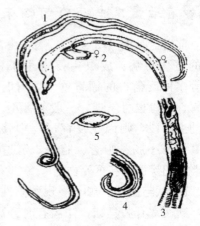

图4-5 土耳其斯坦鸟毕吸虫
1. 雄虫 2. 雌雄合抱 3. 卵巢部
4. 雌虫尾部 5. 虫卵

于人、绵羊、山羊、水牛、黄牛、猪、马属动物、犬、猫、家兔和30多种野生动物,是危害十分严重的人兽共患寄生虫病。

【症状】日本分体吸虫大量感染时,病羊表现为腹泻和下痢,粪中带有黏液、血液,体温升高,黏膜苍白,日渐消瘦,生长发育受阻;可导致不妊娠或流产。通常绵羊和山羊感染日本分体吸虫时,症状表现较轻。感染东毕吸虫的羊,多取慢性过程,主要表现为下颌、腹下水肿,贫血,黄疸,消瘦,发育障碍及影响受胎,发生流产等,如饲养管理不善,最终可导致死亡。

【预防】该病危害严重,宿主范围广泛且生活史复杂,综合防治已成为一项十分浩大的系统工程。①定期驱虫:及时对人、畜进行驱虫和治疗,并做好病畜的淘汰工作。②消灭中间宿主:结合水土改造工程或用灭螺药物杀灭中间宿主,阻断血吸虫的发育途径。③粪便管理:在疫区内可以将人、畜粪便进行堆肥发酵和制造沼气,既可增加肥效,又可杀灭虫卵。④用水管理:选择无螺水源,实行专塘用水或用井水,以杜绝尾蚴的感染。⑤安全放牧:全面合理规划草场建设,逐步实行划区轮牧;夏季防止家畜涉水,避免感染尾蚴。

【治疗】①硝硫氰胺。每千克体重4毫克,配成2%～3%水悬液,颈静脉注射。本药的副作用较大。②吡喹酮:每千克体重30～80毫克,一次口服。或以每千克体重20毫克分点肌内注射。③敌百虫。绵羊以每千克体重70～100毫克,山羊以每千克体重50～70毫克,灌服。④六氯苄氨对二甲苯(血防846)。每千克体重200～300毫克,灌服。

64 阔盘吸虫寄生在动物哪个部位?引起什么症状?怎样治疗?

阔盘吸虫(图4-6)寄生于宿主的胰管中引起疾病,亦称胰吸虫病。此外,病原偶可寄生于胆管和十二指肠。本病除发生于牛、羊等反刍动物外,还可感染猪、兔、猴和人等。

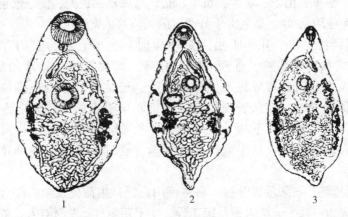

图 4-6　阔盘吸虫

1. 胰扩盘吸虫　2. 腔扩盘吸虫　3. 枝睾扩盘吸虫

【症状与剖检】羊患此病后，可表现下痢、贫血、消瘦和水肿等症状，严重时可引起死亡。死亡者尸体消瘦，胰腺肿大，胰管因高度扩张呈黑色蚯蚓状突出于胰脏表面。胰管发炎肥厚，管腔黏膜不平，呈乳头状小结节突起，并有点状出血，内含大量虫体。慢性感染则因结缔组织增生而导致整个胰脏硬化、萎缩，胰管内仍有数量不等的虫体寄生。

【预防】本病流行地区，应在每年初冬和早春各进行一次预防性驱虫；有条件的地区可实行划区放牧，以避免感染；注意消灭其第一中间宿主蜗牛（其第二中间宿主草螽斯在牧场广泛存在，扑灭甚为困难）；同时加强饲养管理，以增加畜体的抗病能力。

【治疗】①六氯对二甲苯：每千克体重 400 毫克，口服，每次间隔 2 天，连用 3 次。②吡喹酮：口服，每千克体重 65～80 毫克；肌内注射，每千克体重 50 毫克；腹腔注射，每千克体重 50 毫克，并以液状石蜡或植物油（灭菌）制成 20% 油剂。腹腔注射时应防止注入肝脏或肾脂肪囊内，引起药物潴留或羊只出血死亡。

65 包虫病怎么会引起动物不同的发病症状？怎样治疗？

羊的包虫病是由绦虫纲带科的棘球属和多头属感染引起的疾病；棘球属的棘球蚴引起的病称棘球蚴病亦称包虫病，多头属的多头蚴病叫脑多头蚴病或脑包虫病（彩图26）。

棘球蚴（图4-8）寄生于绵羊、山羊、牛、马、猪、骆驼及人的肝脏、肺脏等脏器组织中所引起的一种严重的人兽共患寄生虫病。成虫以肉食兽为终末宿主，寄生于犬、狼、豺、狐和狮、虎、豹等动物的小肠内。该病严重威胁着人类的生命安全。脑多头蚴（图4-7）寄生在绵羊、山羊的脑、脊髓内，引起脑炎、脑膜炎及一系列神经症状（周期性转圈运动）甚至死亡的严重寄生虫病。多头蚴还可危害黄牛、牦牛、猪、马甚至人类。成虫则寄生于犬、狼、狐、豺等肉食兽的小肠。该病多见于犬活动频繁的地方。由于寄生虫结构有异，寄生部位也明显不同，因此它们会有不同的发病症状。

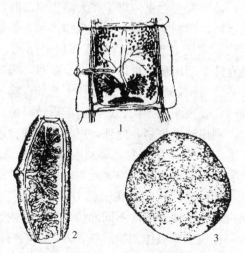

图4-7 多头绦虫与脑多头蚴
1. 成熟节片 2. 孕卵节片 3. 脑多头蚴

（1）脑包虫病　脑包虫病呈急性型或慢性型，症状表现取决于寄生部位和病原体的大小。

① 急性型。以羔羊表现最为明显。感染之初，由于六钩蚴进入脑组织，虫体在脑膜和脑组织中移行，刺激和损伤造成脑部炎症，使体温升高，脉搏、呼吸加快，甚至有强烈的兴奋，患者做回旋运动，前冲或后退，有痉挛性抽搐等。有时沉郁，长时间躺卧，脱离畜群。部分病羊在5～7天内因急性脑膜炎死亡，不死者则转为慢性型。

② 慢性型。患羊耐过急性期后，症状表现逐渐消失，经2～6个月的缓和期，

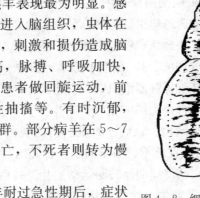

图4-8　细粒棘球绦虫

由于多头蚴不断发育长大，再次出现明显症状。当多头蚴寄生在羊大脑某半球时，除向被虫体压迫的同侧做转圈运动外，还常造成对侧的视力障碍，甚至失明。虫体寄生在大脑正前部时，常见羊头下垂向前做直线运动，碰到障碍物时则头抵物体呆立不动。多头蚴在大脑后部寄生时，主要表现为头高举或作后退运动，甚至倒地不起，并常有强直性痉挛出现。虫体寄生在小脑时，病羊站立或运动常失去平衡，共济失调，易跌倒，对外界干扰和音响易惊恐。多头蚴寄生在脊髓时，表现步伐不稳，进而引起后肢麻痹。当膀胱括约肌发生麻痹时，则出现尿失禁。此外，患羊还表现食欲减退，甚至消失。由于不能正常采食和休息，体重逐渐减轻，显著消瘦、衰弱，常在数次发作后或陷于恶病质时死亡。急性死亡的羊见有脑膜炎和脑炎病变，还可见到六钩蚴在脑膜中移行时留下的弯曲伤痕。慢性期的病例则可在脑或脊髓的不同部位发现1个或数个大小不等的囊状多头蚴。在病变或虫体相接的颅骨处，骨质松软、变薄，甚至穿孔，致使皮肤向表面隆起。病灶周围脑组织或较远部位发炎，有时可见萎缩变性或钙化的多头蚴。

【预防】防止犬等肉食兽食入带多头蚴的脑、脊髓，对患畜的脑和脊髓应烧毁或深埋处理。对护羊犬和家犬应用吡喹酮（每千克体重 5～10 毫克，一次内服）或氢溴酸槟榔碱（每千克体重 1.5～2 毫克，一次内服）定期驱虫，严防家犬吃到含脑包虫的羊、牛等动物的脑和脊髓。对野犬、豺、狼、狐狸等终末宿主应予以捕杀。

【治疗】对早期病例可试用吡喹酮治疗，每天每千克体重 50 毫克，内服，连用 5 天为一个疗程。丙硫苯咪唑每天每千克体重 30 毫克，每天一次灌服，3 天为一个疗程。对晚期病例可采取手术摘除。方法是：定位后，局部剃毛、消毒，将皮肤作 U 形切口，打开术部颅骨，先用注射器吸出囊液，再摘除囊体然后对伤口做一般外科处理。为防止细菌感染，可于手术后 3 天内连续注射青霉素。也可不做切口，直接用注射针头从外面刺入囊内抽出囊液，再注入 75％酒精 1 毫升。

（2）包虫病　包虫病轻度感染和感染初期，通常无明显症状；严重感染的羊被毛逆立，时常脱毛，营养不良，消瘦。肺部感染时有明显的咳嗽，病羊往往卧地，不愿起立。剖检病变主要见于虫体经常寄生的肝脏和肺脏，表面凹凸不平，重量增大，有数量不等的棘球蚴囊泡突起；肝脏、肺脏实质中存在有数量不等、大小不一的棘球蚴包囊，囊内含有大量液体，除不育囊外，囊液沉淀后，即可见大量的包囊砂。有时棘球蚴发生钙化和化脓。此外，在脾脏、肾脏、脑、脊椎管、肌肉及皮下，偶可见有棘球蚴寄生。

【预防】加强兽医卫生检验，对有病的脏器一律深埋或烧毁，严禁用来喂犬和随便丢弃。饲草、饮水防止被犬粪污染。对牧羊犬和家犬至少每个季度进行一次驱虫，常用药物有吡喹酮，每千克体重 5～10 毫克，一次内服；或用氢溴酸槟榔碱，每千克体重 1～4 毫克，一次内服，绝食后 12 小时给予；盐酸丁奈脒片，犬按每千克体重 25～50 毫克，绝食后 3～4 小时投药。并将所排出的粪便烧毁或深埋处理，以防病原扩散。对野犬、狼、狐狸等终末宿主应予以捕杀。

【治疗】目前对本病尚无十分有效的治疗方法，阿苯达唑被认为是治疗棘球蚴病最有效的药物之一，但临床治愈率仅30％；阿苯达唑，按每千克体重90毫克，连服2次，对原头蚴杀虫率为82％～100％。吡喹酮疗效也较好且无副作用，按每千克体重25～30毫克（总剂量为每千克体重125～150毫克）。比较可靠的方法是手术摘除棘球蚴或切除被寄生的器官，但很少用于羊的治疗。

66 寄生于羊小肠的绦虫有哪几种？有哪些危害？怎样防治？

寄生于小肠的绦虫有莫尼茨绦虫、曲子宫绦虫及无卵黄腺绦虫。其中莫尼茨绦虫危害最为严重特别是羔羊、犊牛感染时，不仅影响生长发育，甚至可引起死亡。多种绦虫既可单独感染，也可混合感染。

【症状】患羊症状表现的轻重，通常与感染虫体的强度及体质、年龄等因素密切相关。一般可表现为食欲减退，出现贫血与水肿。羔羊腹泻时，粪中混有虫体节片（呈大米粒样，新排出时常可见蠕动），有时还可见虫体的一段吊在肛门处。被毛粗乱无光，喜躺卧，起立困难，体重迅速减轻。若虫体阻塞羊只肠管时，则出现肠膨胀和腹痛，甚至因肠破裂而死亡。有时病羊亦可出现转圈、肌肉痉挛或头向后仰等神经症状。后期，患畜仰头倒地，经常作咀嚼运动，口周围有泡沫，对外界反应几乎丧失，直至全身衰竭而死亡。

【剖检】尸体消瘦、贫血。可在小肠中发现数量不等的虫体；其寄生处有卡他性炎症，有时可见肠壁扩张、肠套叠乃至肠破裂；肠系膜、肠黏膜、肾脏、脾脏甚至肝脏发生增生性变性过程；肠黏膜、心内膜和心包膜有明显的出血点；脑内可见出血性浸润和出血；腹腔和颅腔贮有渗出液。

【预防】根据本病的季节动态，在流行区对羊群成虫期前驱虫，经10～15天再行第二次驱虫，可防止牧场被污染。避免在雨后、清晨或傍晚放牧，以减少羊食入地螨的机会。有条件的地方，最好实行牛、羊与马属动物轮牧。

【治疗】可选用的药物有：①丙硫苯咪唑（阿苯达唑），按每千克体重10～16毫克，一次内服。②苯硫咪唑（芬苯哒唑）：按每千克体重5～10毫克，一次内服。③吡喹酮：按每千克体重5～10毫克，一次内服。④灭绦灵（氯硝柳胺）：按每千克体重75～100毫克，早晨或空腹时一次灌服。⑤硫双二氯酚（别丁）：按每千克体重50～70毫克，一次灌服。⑥甲苯咪唑按每千克体重20毫克，一次内服。⑦中草药：野花椒根10克、萹蓄10克、薏苡根10克、大黄粉8克，煎水冲大黄粉，候温灌服，也有较好的疗效。

67 怎样防控羊的细颈囊尾蚴病？

细颈囊尾蚴属泡状带绦虫，其幼虫寄生于绵羊、山羊、黄牛、猪等多种家畜的肝脏浆膜、网膜及肠系膜引起疾病，特别是羔羊，仔猪和犊牛的生长发育受阻，体重减轻，当大量感染时，可因肝脏严重受损而导致死亡。其成虫则寄生于犬、狼、狐等肉食动物的小肠内。

【症状】通常成年羊症状表现不显著，羔羊则症状表现明显。当肝脏及腹膜在六钩蚴的作用下发生炎症时，可出现体温升高，精神沉郁，腹水增加，腹壁有压痛，甚至发生死亡。经过上述急性发作后则转为慢性病程，一般表现为消瘦、衰弱和黄疸等症状。

【预防】含有细颈囊尾蚴的脏器，应进行无害化处理，未经煮熟严禁喂犬；在该病的流行地区，应及时给犬进行驱虫，可选用吡喹酮，每千克体重100毫克，用液状石蜡配制成20％溶液；深部肌内注射，2天后重复注射1次。南瓜子200～300克研磨粉末，加热水与白面混合，空腹喂狗。溴氢酸槟榔碱每千克体重2～3毫克，包在肉馅内一次喂给。做好羊饲料、饮水及圈舍的清洁卫生工作，防止被犬粪污染。

【治疗】目前尚无有效方法。有报道丙硫苯咪唑瘤胃控释剂可控制羊只寄生虫在很低水平上，保证羊只正常的生长发育。

68 捻转血矛线虫等消化道线虫引起羊的疾病有哪些相似症状？怎样防治？

羊消化道线虫种类很多，主要有捻转血矛线虫、奥斯特线虫、马歇尔线虫、毛圆线虫、细颈线虫、古柏线虫、仰口线虫、食管口线虫、夏伯特线虫、毛首线虫。各种消化道线虫往往混合感染，对羊群造成不同程度的危害，是每年春乏季节造成羊死亡的重要原因之一。各种消化道线虫引起疾病的情况大致相似，其中以捻转血矛线虫危害最为严重，常给养羊业带来严重损失。

【症状】消化紊乱，胃肠道发炎，腹泻，消瘦，眼结膜苍白，贫血。严重病例下颌间隙水肿，羊体发育受阻。少数病例体温升高，呼吸、脉搏频数、心音减弱，最终病羊因身体极度衰竭而死亡。

【预防】定期驱虫，一般可安排在每年秋末进入舍饲后（12月份至翌年1月）和春季放牧前（3～4月）各一次。但因地区不同，选择驱虫时间和次数可依具体情况而定；粪便要经过堆积发酵处理；羊群应饮用自来水、井水或干净的流水；尽量避免在潮湿低洼地带和早、晚及雨后时放牧（即禁放露水草），有条件的地方可以实施轮牧。

【治疗】可选择下列药物：

① 丙硫苯咪唑。每千体重5～20毫克，一次内服。

② 芬苯达唑。每千克体重5～10毫克，一次内服。

③ 甲苯咪唑。每千克体重10～15毫克，一次内服。

④ 左旋咪唑。每千克体重10～15毫克，一次内服，也可皮下或肌内注射。

⑤ 阿维菌素。按每千克体重0.2毫克，一次皮下注射或内服。对体内的各种线虫和体表寄生虫均有杀灭作用。

⑥ 精制敌百虫。绵羊按每千克体重80～100毫克，山羊按每千克体重50～70毫克，加水，一次内服。

⑦ 硫化二苯胺。每千克体重600毫克，用面汤做成悬浮液，一次内服。羊服药后24小时，应避免日光照射，防止对日光的过敏现象。

69 肺线虫寄生在羊的哪些部位？引起哪些危害？怎样防治？

羊肺线虫寄生在气管、支气管、细支气管乃至肺实质，引起以支气管炎和肺炎为主要症状的疾病。其中网尾科线虫较大，为大型肺线虫，致病力强，在春乏季节常呈地方性流行，可造成羊群尤其是羔羊大批死亡。原圆科线虫较小，为小型肺线虫，危害相对较轻。肺线虫病是羊常见的蠕虫病之一（彩图27）。

【症状】羊群遭受感染时，首先个别羊干咳，继而成群咳嗽，运动时和夜间咳嗽更为显著，此时呼吸声明显粗重，如拉风箱。在频繁而痛苦的咳嗽时，常咳出含有成虫、幼虫及虫卵的黏液团块。咳嗽时伴发啰音和呼吸促迫，鼻孔中排出黏稠分泌物，干涸后形成鼻痂，从而使呼吸更加困难。病羊常打喷嚏，逐渐消瘦、贫血，头、胸及四肢水肿，被毛粗乱。通常羔羊发病症状较成年羊严重，死亡率也高；成年羊感染时，症状表现较轻；羔羊单独感染小型肺线虫时，病情亦比较轻缓，只有在病情加剧或接近死亡时，才明显表现为呼吸困难，出现干咳或暴发性咳嗽。

【剖检】主要表现在肺部，可见有不同程度的肺膨胀不全和肺气肿，肺脏表面隆起，呈灰白色，触摸时有坚硬感（彩图28）；支气管中有黏性或脓性混有血丝的分泌团块；气管、支气管及细支气管内可发现数量不等的大、小肺线虫。尸体消瘦（彩图29）贫血（彩图30）。

【预防】在本病流行区，每年春秋两季（春季在2月，秋季在11月为宜）进行两次以上计划性驱虫。对粪便进行堆积发酵。羔羊与成年羊分群放牧，有条件的地区，可实行轮牧。避免在低湿沼泽地区放牧。冬季适当补饲，补饲期间每隔一天加喂硫化二苯胺（羔羊0.5克，成年羊1克），对预防网尾线虫有效。

【治疗】

① 左旋咪唑。每千克体重10毫克，一次内服。

② 丙硫苯咪唑。每千克体重5～15毫克，一次内服。

③ 氰乙酰肼（网尾素）。每千克体重17毫克，一次内服，连用3天；肌内或皮下注射，剂量为每千克体重15毫克。

④ 乙胺嗪（海群生）。每千克体重200毫克，一次内服。该药适用于对早期幼虫的治疗。

⑤ 阿苯达唑。每千克体重 10 毫克，一次内服，对大型肺线虫有效。

⑥ 硝氯酚。每千克体重 3～4 毫克，一次内服；或每千克体重 2 毫克，皮下注射。

⑦ 阿维菌素。皮下注射，每千克体重 0.2 毫克。

70 羊摆腰病是由脑脊髓丝虫引起的吗？怎样治疗？

羊脑脊髓丝虫病是由寄生于牛腹腔的指形丝状线虫和唇乳突丝状线虫（又称丝状线虫）的幼虫迷路移行后，童虫寄生于羊的脑脊髓而引起的以脑脊髓炎和脑脊髓实质被破坏为特征的疾病。由于病羊腰部无力，走起路来摇摇摆摆，故又称为摆腰病，亦即羊的摆腰病就是由脑脊髓丝虫引起。

【症状】感染后多突然发病，主要表现运动失调，后躯无力，后肢强拘，走路摇摆，蹄尖拖地，身体常歪向一侧，转弯后退困难。严重时跌倒后不能起立，常呈犬坐姿势，前肢交叉，后肢开张，斜颈，眼球震颤等。有时可见突然四肢强直倒地，肌肉痉挛。一般情况，体温、脉搏、呼吸变化不大，只有重症病例出现呼吸困难，预后不良。

【预防】消灭蚊虫是最有效的预防方法，搞好环境卫生，消灭蚊虫孳生地。在蚊虫飞翔季节经常使用灭蚊药物喷洒羊舍或用拟除虫菊酯类药物、松叶等进行烟熏灭蚊。不宜在牛圈附近养羊。在本病流行季节对羊群定期（3～4 周一次）使用海群生进行药物预防。

【治疗】应早期发现早期治疗。

① 海群生（乙胺嗪）。每千克体重 10 毫克，一天分 2～3 次内服，连用 2 天；也可以每千克体重 20 毫克剂量，每天 1 次，连用 6～8 天注射或内服。

② 酒石酸锑钾。按每千克体重 8 毫克配成 4% 溶液，一次静脉注射隔天 1 次，共 3～4 次。

③ 阿维菌素。每千克体重 0.2 毫克，一次皮下注射。

71 焦虫（梨形虫）的传播媒介是什么？羊发病的主要临床表现有哪些？怎样防控？

羊梨形虫病主要有巴贝斯科的原虫所引起的巴贝斯虫病和由泰勒科泰勒属的原虫引起的泰勒虫病。

各种梨形虫的传播媒介都是硬蜱。硬蜱在吸血时将病原传播，引起血液原虫病。该病常造成羊大批死亡，危害严重。本病发生于4～6月，5月为高峰。1～6月龄羔羊发病率高，病死率也高；1～2岁羊次之；3～4岁羊很少发病。

【症状】感染巴贝斯虫的病羊，体温升高至41～42℃，呈稽留热型，病初呼吸、脉搏加快，食欲废绝，可视黏膜充血，黄疸，血流稀薄，红细胞每立方毫米减少到300万～400万个及其以下，而且大小不均，出现血红蛋白尿。有的病例出现兴奋，无目的地狂跑，突然倒地死亡。感染泰勒虫的病羊，体温升高到40～42℃，呈稽留热型，脉搏加快，呼吸急促，肺泡音粗粝，精神沉郁，喜卧，食欲减退，反刍及胃肠蠕动减弱或停止，便秘或下痢，有的病羊排恶臭稀粥样粪，杂有黏液或血液。可视黏膜初期充血，继则苍白，轻度黄染，有小出血点。病羊消瘦，体表淋巴结肿大，有痛感，特别是肩前淋巴结肿大尤为明显。肢体僵硬，以羔羊最明显，有的羊行走时一前肢提举困难或后肢僵硬，举步十分艰难；有的羔羊四肢发软，卧地不起。病程6～12天，急性病例常于1～2天内死亡。

【剖检】死于巴贝斯虫病的羊尸：可视黏膜及皮下组织充血，黄染，心内外膜有出血点，肝脏、脾脏肿大，表面也有出血点，胆囊肿大2～3倍，充满胆汁，第二胃常塞满干硬的物质，尿液呈红色。

死于泰勒虫病的羊尸：外观消瘦，贫血，剖检变化主要以全身性出血，第四胃黏膜有溃疡斑，以肝脏、脾脏淋巴结高度肿胀为特征，肾呈黄褐色，表面有结节和小点出血，皱胃黏膜上有溃疡斑，肠黏膜上有少量出血点。

【预防】在本病流行区，于每年发病季节到来之前，对羊群用咪唑苯脲或贝尼尔（血虫净）进行预防注射，后者以每千克体重3毫克剂量配成7%的溶液，深部肌内注射，每20天一次对预防泰勒虫病有效；也可选用多种杀虫剂或人工进行灭蜱；并注意做好购入、调出羊的检疫工作。

【治疗】

① 贝尼尔。按每千克体重7毫克配成7%水溶液，做分点深部肌内注射。每天1次，连用3天为一疗程。

② 咪唑苯脲。每千克体重1.5～2毫克，配成5%～10%水溶液，皮下或肌内注射。

③ 磷酸伯氨喹啉。每千克体重0.75毫克，每天灌服1剂，连服3剂。对泰勒虫病有特效。

④ 黄色素。每千克体重3～4毫克，配成0.5%～1%水溶液，静脉注射，必要时24小时后重复注射一次。

⑤ 阿卡普林。每千克体重0.6～1毫克，配成5%水溶液，皮下或肌内注射。48小时后再注射一次。

⑥ 台盼蓝（锥蓝素）。每千克体重2～4毫克，配成1%水溶液静脉注射，必要时第二天可重复用药一次，对大型羊巴贝斯虫病有效。

72 如何防治羊弓形虫病？

弓形虫病是由孢子虫纲的原生动物——龚地弓形虫所引起的一种人兽共患寄生虫病。本病的中间宿主范围非常广泛，包括人及猪、绵羊、山羊、黄牛、水牛、马、鹿、兔、犬、猫、鼠等多种哺乳动物；此外，还可感染许多鸟类和一些冷血动物。终末宿主据目前所知仅为猫、豹和猞猁等一些猫科动物。病原除在中间宿主与终末宿主之间循环传递之外，更可在中间宿主范围内相互进行水平传播。其感染途径亦可包括经口感染、经胎盘感染及通过宿主受损的皮肤、黏膜发生感染。因此，本病在全世界广泛存在和流行。羊的弓形虫病不仅直接危害养羊业，而且对整个畜牧业的发展及人类的健康都构成一定的威胁。所以本病的防治具有很重要的社会意义。

【预防】做好畜舍卫生工作，定期消毒；饲草、饲料和饮水严禁被猫的排泄物污染；对羊的流产胎儿及其他排泄物要进行无害化处理，流产的场地亦应严格消毒；死于本病或疑为本病的畜尸，要严格处理，以防污染环境或被猫及其他动物吞食。

【治疗】对急性病例可应用磺胺类药物，与抗菌增效剂联合使用效果更好，亦可考虑使用四环素和螺旋霉素等。上述药物通常不能杀灭包囊内的繁殖子。常用药物如下：

① 磺胺嘧啶＋甲氧苄啶。前者每千克体重70毫克，后者按每千克体重14毫克，每天2次，口服，连用3～4天。

② 磺胺甲氧吡嗪＋甲氧苄啶。前者为每千克体重30毫克，后者为每千克体重10毫克，每天1次，口服，连用3～4天。

③ 磺胺-6-甲氧嘧啶。每千克体重60～100毫克；或配合甲氧苄啶（每千克体重14毫克），每天1次，口服，连用4次。可迅速改善临床症状，并有效地阻抑速殖子在体内形成包囊。

73 如何防治羊球虫病？

羊球虫病是由艾美耳属的几种球虫寄生于羊肠道引起的，以急性或慢性肠炎为特征的寄生虫病。临床上以羔羊最易感染，死亡率也高。

成年羊多为带虫者，感染不发病。2～6月龄小羊容易发病。主要经口感染，轻者出现软便（似牛粪样）。重者发病初期体温升高，后下降。主要症状为急剧下痢，排出黏液血便，恶臭，并含有大量卵囊。病羊贫血，消瘦，食欲不振，疝痛等。一般发病后2～3周恢复，耐过羊可产生免疫力，不再感染发病。

【预防】羊球虫已孢子化卵囊对外界的抵抗力很强，一般消毒药很难将其杀死。对圈舍和用具，最好使用70～80℃以上的热水或热碱水（3%）消毒。也可应用火焰进行消毒。经常保持圈舍及周围环境的通风干燥。成年羊是球虫的散播者，最好将成年羊与幼羊分群饲养管理。提前使用抗球虫药物预防。

【治疗】

① 氨丙啉。每天每千克体重 145 毫克混饲 2～3 周，对预防、治疗有效。

② 盐霉素。每天每千克体重 0.33～1 毫克，连喂 2～3 周有效。

③ 磺胺二甲氧嘧啶。每天每千克体重50～100 毫克，连服 3～5 天，对急性病例有效。

④ 磺胺二甲氧嘧啶＋增效剂（TMP）：按 5：1 比例配合，每天每千克体重 0.1 克内服，连用 2 天，有治疗效果。

74 羊螨虫病主要发生在哪个季节？怎样预防和治疗？

羊螨虫病是由疥螨和痒螨（图 4-9）寄生在体表而引起的慢性寄生性皮肤病。螨病又叫疥癣、疥虫病、疥疮等，具有高度传染性，往往在短期内可引起羊群严重感染，危害十分严重。该病主要发生于冬季和秋末、春初。发病时，疥螨病一般始发于皮肤柔软且毛短的部位，如嘴唇、口角、鼻面、眼圈及耳根部，以后皮肤炎症逐渐向周围蔓延；痒螨病则起始于被毛稠密和温度、湿度比较恒定的皮肤部位，如绵羊多发生于背部、臀部及尾根部，以后才向体侧蔓延。

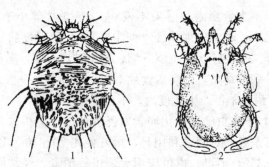

图 4-9　疥螨和痒螨
1. 疥螨背面　2. 痒螨腹面

【预防】每年定期对羊群进行药浴。对新引进的羊应隔离检查，确定无螨寄生后再混群饲养；圈舍应经常保持干燥、通风，定期清扫和消毒；对患病羊要及时隔离治疗。治疗期间可应用 0.1％的蝇毒磷乳剂对环境消毒，以防散布病原。

【治疗】

① 治疗药物。

阿维菌素：羊每千克体重 0.2 毫克，一次皮下注射。

双甲脒：按每吨水加入 12.5％双甲脒乳油 4 000 毫升，配成乳油水溶液，对羊药浴或涂擦体表。

用于药浴的有机磷制剂：0.05％辛硫磷乳液、0.015％～0.02％巴胺磷水乳液、0.05％蝇毒磷水乳液、0.025％螨净（二嗪农）水乳液、0.5％～1％敌百虫水溶液（应慎用）等。

用于药浴的拟除虫菊酯类杀虫剂：0.005％溴氰菊酯水乳剂、0.006％氯氰菊酯水乳剂、0.008％～0.02％杀灭菊酯水乳剂、0.05％～0.025％的橘皮素乙酰酯乳剂等。

复方中药方剂：蛇床子、地肤子、苦参各 200 克，加水煎煮两次，浓缩煎汁至 5 000 毫升，过滤后加硫黄 100 克，搅拌均匀即成治疗液，涂药治疗；蛇床子、地肤子、苦参各 200 克，硫黄 100克，混合粉碎后过 40 目筛，用温开水调湿后加凡士林 2 260 克，调匀，涂药治疗。

狼毒：采挖鲜狼毒洗净，切成片，取 1 000 克加水 3 000 毫升，文火煎 2～3 小时，水煎至 1 000～1 500 毫升，降温到 20～30 ℃时用纱布过滤，加 4％来苏儿水 50 毫升，擦洗羊患处，一般每隔 5天用 1 次，连用 2 次；采挖鲜狼毒洗净，阴干或晒干后粉碎成细末，用狼毒 2 000 克加煤油 250 毫升调匀，根据患处大小用量不同，每隔 3 天涂擦 1 次，连用 3 次。

② 治疗方法。

涂药疗法：适宜病羊少、患部面积小，特别适合在寒冷季使用。涂药应分几次进行，每次涂药面积不得超过体表的 1/3。涂擦药物之前，应先剪毛去痂，用温肥皂水或 2％来苏儿水彻底洗刷患部，擦干后用药。

药浴疗法：适用于病羊数量多及气候温暖的季节，常用于对螨病的预防和治疗。药浴时间应选择在山羊抓绒、绵羊剪毛后5～7天进行。大规模药浴之前应对所选药物做小群完全试验。药液温度保持在36～38℃，并随时补充新药液。药浴时间1～2分钟，注意浸泡羊头。药浴前让羊饮足水，以防误饮药液。因大部分药物对螨卵无杀灭作用，无论涂药或药浴都须重复用药2～3次，每次间隔7～8天为宜。

注射疗法：适用于各种情况的螨病治疗，省时、省力，优于以上各种疗法。

75 硬蜱对羊有危害吗？它和羊虱病是一种病原吗？

硬蜱和虱都是羊的体表寄生虫，且都属于节肢动物门。但它们属于不同的纲，硬蜱属于蜘蛛纲、陆生，虱属于虱目，因此这二者是有差别的，不是同一种病原。硬蜱作为牛、羊的一种主要外寄生虫，一方面可以引起牛羊不安、蜱瘫等疾病，另一方面又可以传播牛、羊的多种重要疾病。因此，严重威胁着牛、羊业的发展。

直接危害：蜱侵袭羊体后，由于吸血时口器刺入皮肤可造成局部损伤，组织水肿、出血、皮肤肥厚。有的还可继发细菌感染，引起化脓、肿胀和蜂窝织炎等。当幼羊被大量蜱侵袭时，蜱的唾液内的毒素进入机体后，破坏造血器官，溶解红细胞，形成恶性贫血，使血液有形成分急剧下降。此外，蜱唾液内的毒素作用有时还可出现神经症状及麻痹，造成"蜱瘫痪"。

间接危害：蜱可传播森林脑炎、莱姆病、布鲁氏菌病、炭疽、立克次氏体等多种传染病。蜱也是各种家畜梨形虫病的必需宿主和传播媒介。

76 羊鼻蝇蛆对绵羊能造成什么危害？怎样防治？

羊鼻蝇蛆病是由羊鼻蝇的幼虫寄生在羊的鼻腔及附近腔窦内所

引起的疾病。羊鼻蝇主要危害绵羊，对山羊危害较轻。病羊表现为精神不安、体质消瘦，甚至发生死亡。

【症状】羊鼻蝇幼虫（图4-10）进入羊鼻腔、额窦及鼻窦后，在其移行过程中，由于体表小刺和口前钩损伤黏膜引起鼻炎，可见羊流出多量鼻液，鼻液初为浆液性，后为黏液性和脓性，有时混有血液；当大量鼻漏干涸在鼻孔周围形成硬痂时，使羊发生呼吸困难。此外，可见病羊表现不安，打喷嚏，时常摇头，摩鼻，眼睑浮肿，流泪，食欲减退，日渐消瘦。症状表现可因幼虫在鼻腔内的发育期不同而持续数月。通常感染不久呈急性表现，以后逐渐好转，到幼虫寄生的晚期，则疾病表现更为剧烈。有时，当个别幼虫进入颅腔损伤了脑膜或因鼻窦发炎而波及脑膜时，可引起神经症状，病羊表现为运动失调，旋转运动，头弯向一侧或发生麻痹；最后病羊食欲废绝，因极度衰竭而死亡。

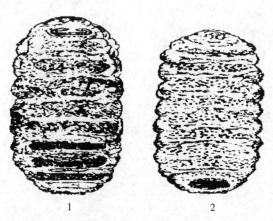

图4-10　羊鼻蝇蛆第三期幼虫
1. 背面　2. 腹面

【防治】应以消灭第一期幼虫为主要措施。实施药物防治一般可选在每年的10～11月进行。其方法如下：

① 敌百虫或敌百虫软膏。在成蝇飞翔季节，可用10％敌百虫软膏涂在羊鼻孔周围，有驱避成蝇和杀死幼虫的作用。

② 阿维菌素。以每千克体重 0.2 毫克，一次皮下注射，药效可维持 20 天，疗效高，是目前治疗羊鼻蝇蛆病最理想的药物。

③ 敌百虫酒精溶液。精制敌百虫 60 克，溶于 31 毫升蒸馏水和 31 毫升 95%的酒精内。以每千克体重 0.4 毫克剂量，一次肌内注射，50 千克以上的羊 2.5 毫升，对一期幼虫驱虫率达 100%。

④ 药液鼻腔内喷射。可用 0.1%～0.2%锌硫磷、0.03%～0.04%巴胺磷、0.012%氯氰菊酯水乳液，羊每侧鼻孔各 10～15 毫升，用注射器分别先后向鼻孔内喷射，两侧喷药间隔时间10～15分钟。对杀灭羊鼻蝇的早期幼虫有效。羊在其内吸雾时间 15 分钟，即可杀死第一期幼虫。

⑤ 氯氰柳氨。每千克体重 5 毫克口服，或每千克体重 2.5 毫克皮下注射，可杀死各期幼虫。

第五章

羊的呼吸、消化、泌尿生殖道疾病

77 羊的口炎有哪些症状？应与哪些传染性疾病相区别？怎样治疗？

口炎是羊口腔黏膜表层和深层炎症的总称，分为卡他性口炎、水疱性口炎、溃疡性口炎等。临床上以流涎、采食、咀嚼障碍为主要特征。

【症状】病羊采食、咀嚼缓慢甚至不敢咀嚼，只采食柔软饲料，而拒食粗硬饲料；流涎，口角附着白色泡沫；口腔黏膜潮红、肿胀、疼痛、口温增高等共同症状。细菌感染时有口臭。卡他性口炎，表现口腔黏膜发红、充血、肿胀、疼痛，特别是唇、齿龈、颊部、腭部黏膜肿胀明显；水疱性口炎，在上下唇内有很多大小不等充满透明或黄色液体的水疱；溃疡性口炎，黏膜上出现溃疡性病灶，口内恶臭，体温升高。上述各类型可相继和交错出现。原发性口炎应与口蹄疫、羊痘等相区别，此类疾病都有高热及高度传染性，且全身症状明显。患口蹄疫时，除口腔黏膜发生水疱和烂斑外，蹄部和皮肤也有类似病变；患羊痘时除口腔黏膜有典型的痘疹外，在乳房、眼角、头部、腹下皮肤处也有痘疹。

【预防】主要在于加强饲养管理。防止化学、机械及尖锐的异物对口腔的损伤；提高羔羊饲料品质，饲喂富含维生素的柔软饲料，不喂发霉变质的饲料，饲槽应经常使用2％的碱水进行消毒；服用带有刺激性或腐蚀性的药物时，一定按要求使用。

【治疗】轻度口炎可用0.1％的依沙吖啶或0.1％高锰酸钾溶液

洗涤口腔，亦可用 20％盐水冲洗；发生糜烂和渗出时用 2％的明矾冲洗；口腔黏膜有溃疡时，可用碘甘油、5％碘酊、龙胆紫溶液、磺胺软膏、四环素软膏等涂擦患部；如继发细菌感染，病羊体温升高时，可用青霉素 40 万～80 万单位、链霉素 100 万单位肌内注射，每天 2 次，连用 3～5 天，也可服用或注射磺胺类药物。中药可用青黛散（青黛 9 克，薄荷 3 克，黄连、黄柏、桔梗、儿茶各 6 克）研为细末，装入布袋内，衔于口内，给食时取下，吃完后再衔上，每天或隔天换药一次；也可在蜂蜜内加冰片和复方新诺明（SMZ＋TMP）各 5 克衔于口内；也可用桂林西瓜霜喷涂口腔。

对于口炎并发肺炎时可用下列中药方以清肺热：花粉、黄芩、栀子、连翘各 30 克，黄柏、牛蒡子、木通各 15 克，大黄 24 克，芒硝 60 克，将前八种药物共研为末，加入芒硝，开水冲，10 只羔羊分灌。

78 羊的食管阻塞怎样治疗？

食管阻塞俗称"草噎"，就是食管某段被食物或其他异物阻塞所致。该病的主要特征是病羊表现咽下障碍和痛苦不安。

（1）开口取物法　如堵塞物位于颈部，可用手沿食管轻轻按摩，使其上行，用镊子掏出或用铁丝圈套取。必要时可先注射少量阿托品以消除食管痉挛和逆蠕动，对施行这种方法极为有利。

（2）探送法　如堵塞物位于胸部食管，可先将 2％普鲁卡因溶液 5 毫升和液状石蜡 30 毫升，用胃管送至阻塞物位置，然后用硬质胃管推送阻塞物进入瘤胃。若不能成功，可先灌入油类，然后插入胃管，手捏住阻塞物上方，在打气加压的同时推动胃管，使哽塞物入胃。但油类不可灌入太多，以免引起吸入性肺炎。

（3）手术疗法　在无希望取出或下咽时，需要施行外科手术将其取出。手术时要注意同食管并行的动、静脉管壁的损伤，保定确定手术部位。局部处理与麻醉：按外科手术规程，局部剪毛、消毒，用 0.25％的普鲁卡因进行局部浸润麻醉。切开皮肤剥离肌肉，暴露食管壁，距阻塞物前后 1.5 厘米处的食管用套有细胶管的止血

钳夹住，不宜过紧。在阻塞部位纵行切开取出阻塞物，取出后用
0.1％的依沙叮啶洗涤消毒，再
用生理盐水进行冲洗。先缝合
黏膜与肌肉层，然后缝合肌肉
与浆膜层内翻缝合（图5-1、
图5-2），再进行肌肉缝合，最
后结节缝合（图5-3）皮肤，
为防止污染，涂外伤膏。手术
后用青霉素80万单位、安痛定
10毫升混合一次肌内注射，每

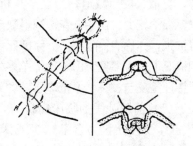

图5-1　间断内翻缝合

天2次，连用5天。同时，维生素C 0.5克，每天1次，肌内注
射，连用3天。当天术后禁食1天，防止污染；第2天饮喂小米
粥；第3天开始给少量的青干草，直至痊愈。

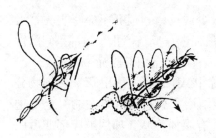

图5-2　连续内翻缝合

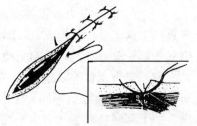

图5-3　结节缝合

　　（4）经验疗法　有经验的农牧民或饲养员，常用冷水一碗猛然
倒入羊耳内，使羊突然受惊，肌肉发生收缩，即可将堵塞物咽下。

　　（5）对症疗法　胀气严重时，应及时用粗针头或套管针在瘤胃
左侧肷部穿刺放气，防止发生死亡。

79 羊前胃弛缓与瘤胃积食症状上有何差别？治疗
　　上有什么不同？

　　前胃弛缓是前胃神经肌肉感受性降低，收缩力减弱，瘤胃内容

物运转迟滞，菌群失调，产生大量发酵和腐败的物质，引起消化障碍，食欲、反刍减退，乃至全身机能紊乱的一种疾病。常发生于山羊，绵羊较少。在冬末春初饲料缺乏时最为常见。瘤胃积食即急性瘤胃扩张，亦称瘤胃阻塞，俗称撑死病。是羊最易发生的疾病，尤以舍饲情况下最为多见。山羊比绵羊多发，年老母羊较易发病。该病的主要特征是反刍、嗳气停止，瘤胃坚实，疝痛，瘤胃蠕动极弱或消失。

（1）前胃弛缓的临床症状

① 急性症状为食欲减少或渴欲增加，反刍缓慢而次数减少，瘤胃蠕动微弱。若不及时治疗，很有变成慢性的趋势。病羊常有便秘，排泄物色黑而硬；泌乳量显著减少或完全停止。体温及脉搏常无变化。病羊站立时，四肢紧靠身体，低头伸颈，背拱起，常磨牙。以后由于营养不足，常喜卧地。病的末期起立困难，脉搏弱而快，体温稍升高。胀气显著时，则呼吸困难。长久不愈者，消瘦而贫血，终至死于衰竭。

② 慢性病表现为食欲逐渐减少或反常，但并不完全丧失；大多数病羊饮水减少，但亦有口渴加强者。反刍停止，腹部呈间歇性臌气，触诊前胃部时，感到坚硬，有时还会引起腹痛。

（2）瘤胃积食的临床症状　症状表现程度因病因及胃内容物分解毒物吸收的轻重而不同。①腹围增大。瘤胃（羊左侧）上部饱满，中下部向外臌胀（突出）。②有腹痛症状。如回顾腹部或后肢提腹拱背摇尾、起卧不安，以及粪便中排出未消化的饲料。③食欲废绝、反刍停止或减少，听诊瘤胃蠕动音减弱、消失；触诊瘤胃胀满；坚实，似面团感觉，指压有压痕。④重症可出现流涎、磨牙、呻吟、心跳加快、脉搏增数，黏膜深紫红色，但体温正常。⑤由于瘤胃吸收氨过多，使血氨浓度升高，往往出现视力障碍而盲目直行或转圈。有的烦躁不安、头抵墙、撞人或嗜眠、卧地不起。有的因乳酸蓄积，使瘤胃渗透压升高，导致体液由血液转向瘤胃，出现严重脱水和酸中毒、眼球下陷、血液浓缩。

（3）治疗

① 前胃弛缓的治疗。治疗目的是消除病因，原则是缓泻、止

酵、兴奋瘤胃蠕动。a. 病初限制喂量或绝食1～2天。每天按摩瘤胃数次，每次5～10分钟。并给予少量易消化的多汁饲料。b. 当瘤胃内容物过多时，可投服缓泻剂，常可投服液状石蜡100～200毫升或硫酸镁20～30克。c. 20％氯化钠20毫升、生理盐水100毫升、10％氯化钙10毫升、维生素B_1、复合维生素B注射液10毫升混合静脉注射，每天1次，连用3～4次。d. 姜酊30毫升、龙胆酊20毫升、大黄酊20毫升、番木鳖酊15毫升，水加至200毫升分2次，一日灌服。e. 胃蛋白酶8克、稀盐酸10毫升、龙胆酊20毫升、番木鳖酊15毫升，水加至200毫升分2次，一日灌服。f. 龙胆末15克、食母生15克、胃蛋白酶8克、维生素B_1 50片混合，分2次，一日灌服。g. 瘤胃pH降低时，用氢氧化镁30～50克，加水一次内服。单纯性消化不良时，可用氢氧化钙（熟石灰）5克、白糖50克，加水500毫升灌服，每天1次连服3次。

② 瘤胃积食的治疗。治疗原则是排出内容物，恢复胃功能，调整与改善瘤胃内生物学环境，防止脱水与自体中毒。

清肠消导，可用硫酸镁（或硫酸钠）50～80克（配成8％～10％的溶液），一次内服或液状石蜡（或植物油）100～200毫升，一次内服。应用泻剂后，可皮下注射毛果芸香碱或新斯的明，以兴奋前胃神经，促进瘤胃内容物运转与排出。酸碱平衡失调时，可用5％碳酸氢钠注射液100毫升，5％葡萄糖生理盐水注射液200毫升静脉注射。防止酸中毒继续恶化，可用2％的石灰水洗胃。心脏衰竭时，可用20％安钠咖注射液2毫升、5％维生素注射液8毫升，静脉注射，每天2次，呼吸衰竭时，可肌内注射尼可刹米2毫升。用手或鞋底按摩左肩部，刺激瘤胃蠕动，促进反刍，然后用臭椿树根（去皮）或木棍穿咸菜疙瘩"横衔在嘴里"，两头拴于耳上，并适当牵遛，能促进瘤胃反刍。

中药治疗：龙胆酊10毫升、橙皮酊10毫升、木别酊7毫升，水加至200毫升一次灌服，每天2次。龙胆末15克、大黄末15克、人工盐50克、复合B族维生素50片、小苏打15克混合，分2次灌服，一日用完。如有轻度胀气：鱼石脂4克、酒精20毫升、茴香醑10毫升、橙皮酊10毫升，加水至200毫升，一次灌服。健胃散：陈皮9克、枳实9克、枳壳6克、神曲9克、厚朴6克、山楂9克、萝卜子9克水煎，去渣灌服。加味大承气汤：大黄9克、枳实6克、厚朴6克、芒硝12克、神曲9克、山楂9克、麦芽6克、陈皮9克、草果6克、槟榔6克水煎，去渣灌服。对危重病例，当使用药物治疗效果不佳，且病畜体况尚好时，应及早施行瘤胃切开术，取出内容物，并用1‰温食盐水冲洗。必要时，接种健畜瘤胃液。

80 引起羊瘤胃臌气的原因有哪些？怎样治疗？

急性瘤胃臌气，俗称胀死病，是草料在瘤胃发酵，产生大量气体，致使瘤胃体积迅速增大，过度臌胀并出现嗳气障碍为特征的一种疾病。常发生于春、夏季，绵羊和山羊均可患病。本病可分为原发性瘤胃臌气（泡沫性臌气）和继发性瘤胃臌气（非泡沫性或自由气体性臌气）两种。

【病因】

① 原发性瘤胃臌气。主要是羊吃了大量容易发酵的饲料，最危险的是各种豆科植物，如苜蓿及其他豆科植物，尤其是在开花以前。初春放牧于青草茂盛的牧场，或多食萎干青草、粉碎过细的精饲料、发霉腐败的马铃薯、胡萝卜及甘薯类都容易发病；吃了雨后水草或露水未干的青草，冰冻饲料，尤其是在夏季雨后清晨放牧时，易患此病。此外，采食较多粉碎过细的谷物饲料，臌气可一触即发。

② 继发性瘤胃臌气。主要是由于前胃机能减弱，嗳气机能障碍。多见于前胃弛缓、食管阻塞、腹膜炎、气哽病等。多为慢性瘤胃臌胀。病情弛张，瘤胃中等程度臌胀，时而消长，常为间歇性反复发作。经治疗虽能暂时消除臌胀，但极易复发。在这种情况下，应全面检查，具体分析，力求确诊原发病。例如，创伤性网胃炎常有反复发作的顽固性慢性瘤胃臌胀。

【预防】着重搞好饲养管理。由舍饲转为放牧时，最初几天在出牧前先喂一些干草后再出牧，并且还应限制放牧时间及采食量。在饲喂易发酵的青绿饲料时，应先饲喂干草，然后再饲喂青绿饲料。尽量少喂堆积发酵或被雨露浸湿的青草。不让羊进入苕子地、苜蓿地暴食幼嫩多汁植物。不到雨后或有露水、下霜的草地上放牧。舍饲育肥羊，应该在全价日粮中至少含有 10%～15% 的铡短的粗料，粗料最好是禾谷类秸秆或青干草。应避免饲喂用磨细的谷物制作的饲料。

【治疗】应以胃管放气、止酵防腐、清理胃肠为治疗原则。

81 什么是羊的"百叶干"病？

瓣胃阻塞又称瓣胃秘结，在中兽医称为"百叶干"，是由于羊瓣胃收缩力量减弱，食物排出不充分，通过瓣胃的食糜积聚充满于瓣叶之间，水分被吸收，内容物变干而致病。

【症状】瓣胃容积增大、坚硬，腹部胀满，不排粪便。病的初期与前胃弛缓症状相似，瘤胃蠕动减弱，瓣胃蠕动消失，可继发瘤胃臌气和瘤胃积食。排粪干少；色泽暗黑，后期排粪停止。触压病羊右侧7～9 肋间，肩关节水平线，羊表现痛苦不安，有时可在右肋骨弓下摸到阻塞的瓣胃。如若病程延长，瓣胃小叶发炎或坏死，常可继发败血症，病羊体温升高，呼吸和脉搏加快，全身衰弱，卧地不起，最后死亡。

【预防】避免给羊过多饲喂秕糠和坚韧的粗纤维饲料，防止导致前胃弛缓的各种不良因素。注意运动和饮水，增进消化机能，防止本病的发生。

【治疗】病的初期可用硫酸钠或硫酸镁 80～100 克，加水1 500～2 000毫升，一次内服；或液状石蜡 500～1 000 毫升，一次内服。同时静脉注射促反刍注射液 200～300 毫升，增强前胃神经兴奋性。促进前胃内容物的运转与排出。

对顽固性瓣胃阻塞，可用瓣胃注射疗法。具体方法是：于右侧第 9 肋间隙和肩关节水平线交界处，选用12 号 7 厘米长针头，向对侧肩关节方向刺入约 4 厘米深，刺入后可先注入 20 毫升生理盐水，感到有较大压力，并有草渣流出，表明已刺入瓣胃，然后注入25％硫酸镁溶液30～40毫升，石蜡油100毫升（交替注入瓣胃），第二天再重复注射1次。瓣胃注射后，可用10％氯化钙10毫升、10％氯化钠50～100毫升、5％葡萄糖生理盐水150～300毫升，混合1次静脉注射。待瓣胃松软后，皮下注射0.1％氨甲酰胆碱0.2～0.3毫升，兴奋胃肠运动机能，促进积聚物排出。

内服中药：大黄9克、枳壳6克、二丑9克、玉片3克、当归12克、白芍2.5克、番泻叶6克、千金子3克、山栀2克，煎水一次内服。

82 羊创伤性网胃心包炎的诊断和治疗原则是什么？

创伤性网胃心包炎，又称创伤性消化不良，是由于异物刺伤网胃壁而发生的一种疾病。其临床特征为急性或慢性前胃弛缓，瘤胃间歇性臌气。本病见于奶山羊。偶尔发生于绵羊。

本病主要根据其以下几个方面诊断：

【症状】病羊精神沉郁，食欲减少，反刍缓慢或停止，行动谨慎。表现疼痛、拱背，不愿急转弯或走下坡路，前胃弛缓，慢性瘤胃臌气，肘肌外展以及肘肌颤动。

① 临床检查。用手冲击触诊网胃区，或用拳头顶压剑状软骨区时，病羊表现疼痛、呻吟、躲闪。听诊心音减弱，浑浊不清，常出现摩擦音和排水音。叩诊心区扩大，有疼痛感。有条件的还可用金属探测仪及X线透视检查。

② 体温心跳等其他情况。体温一般正常，但有时升高。心跳明显加快，颈静脉怒张，下颌、胸前发生水肿。病后期常导致胸膜粘连、心包化脓和脓毒败血症。但本病应与前胃弛缓、酮病、多关节性节炎、蹄叶炎、背部疼痛等疾病进行鉴别。

【预防】清除饲草中的异物，可在草料加工设备中安装磁铁，以清除铁器。严禁在牧场或羊舍堆放铁器。饲养管理人员不可将铁丝、铁钉、缝针或其他金属异物随地乱扔，以防混入饲草。

【治疗】

保守疗法：病的初期，停止活动和放牧，减少饲草喂量，降低腹腔脏器对网胃的压力。可肌内注射青霉素 80 万单位、链霉素 0.5 克，每天 2 次，连用 1 周。亦可用磺胺嘧啶 5～8 克、碳酸氢钠 5 克，加水一次内服，每天 1 次，连用 1 周以上。

手术疗法：可行瘤胃切开术，取出异物。

83 羊胃肠炎有哪些发病原因和临床症状？怎样治疗？

胃肠炎是胃肠壁表层和深层组织的重剧性炎症。临床上很多胃炎和肠炎往往相伴发生，故合称为胃肠炎。胃肠炎按病程经过分为急性胃肠炎和慢性胃肠炎；按病因分为原发性胃肠炎和继发性胃肠炎；按炎症性质分为黏液性胃肠炎（以胃肠黏膜被覆多量黏液为特征的炎症）、出血性胃肠炎（以胃肠黏膜弥漫性或斑点状出血为特征的炎症）、化脓性胃肠炎（以胃肠黏膜形成脓性渗出物为特征的炎症）、纤维素性胃肠炎（以胃肠黏膜坏死和形成溃疡为特征的炎症）。

【病因】分为原发性和继发性两种。

① 原发性胃肠炎。a. 饲养管理不当。饲料品质不良（如发霉，冰冻等）、过食、饲料突然更换、有毒植物中毒、受到冷水刺激、圈舍湿冷等均可引起胃肠炎。如仔山羊在离乳期间，突然给予粗硬的饲料。b. 营养不良。长途车船运输等因素能降低羊的防御能力，使胃肠屏障机能减弱，平时共生于胃肠道并不引起致病作用的细菌，如大肠杆菌、坏死杆菌等微生物，此时往往由于毒力增强而有致病作用。c. 此外，由于抗生素的滥用，一方面可使细菌产生耐药性，另一方面在用药过程中造成肠道菌群的失调而引起二重感染。

② 继发性胃肠炎。常见于许多传染病（如结核、副结核、口蹄疫、出血性败血症等）和寄生虫病（如羊钩虫、结节虫、肝片形吸虫等）。此外，其他器官（牙齿、口腔、心、肺、肝、肾等）的疾病，亦可继发胃肠炎。

【症状】胃肠炎的临床表现以消化机能紊乱、腹痛、发热、腹泻、脱水和毒血症为特征。病羊精神沉郁，食欲减退或废绝，舌苔重，口臭；腹泻，粪便稀呈粥样或水样，腥臭，粪便中混有黏液、血液和脱落的黏膜组织，有的混有脓液。腹痛和肌肉震颤，肚腹蜷缩。体温升高，心率增快，呼吸加快，眼结膜暗红或发绀，眼窝凹陷，皮肤弹性减退，尿量减少。随着病情恶化，病畜体温降至正常温度以下，四肢厥冷，体表静脉萎陷，精神高度沉郁甚至昏睡或昏迷。慢性胃肠炎，病羊食欲不定，时好时坏，或食量持续减少，常有异食癖而喜舐厩舍墙壁或舔食泥土。病的初期肠音增强，随后逐渐减弱甚至消失；当炎症波及直肠时，排粪呈现里急后重；病至后期，肛门松弛，排粪呈现失禁自痢。

若口臭显著，食欲废绝，主要病变可能在胃；若黄染和腹痛明显，初期便秘并伴发轻度腹痛，腹泻较晚，病变可能主要在小肠；若脱水迅速，腹泻出现早并有里急后重症状，主要病变在大肠。

【预防】搞好饲养管理，不喂霉败饲料，不让动物采食有毒物质和有刺激、腐蚀的化学物质，防止各种应激因素的刺激。搞好羊群的定期预防接种和驱虫工作，饲料更换时少量逐步进行。

【治疗】原则是消除炎症、清理胃肠、预防脱水、维护心脏功能，解除中毒，增强机体抵抗力。可用磺胺脒（琥珀酰磺胺噻唑、酞磺胺噻唑）4.0～8.0克，萨罗2.0～8.0克，常水适量，内服。或者肌内注射庆大霉素每千克体重1 500～3 000单位、环丙沙星每千克体重2.0～5.0毫克、乙基环丙沙星每千克体重2.5～3.5毫克等抗菌药物。

哺乳羔羊应开具的处方有：a.鞣酸蛋白1.5克、柳酸1克、磺胺脒1克，将以上做成粉剂，混合均匀，分为4包，1天服完，以上服药时间均须分配在每两次哺乳之间。不可距离哺乳时间太近，以免影响药效。b.腹泻严重者，除用上述处方治疗外，还应配合肌内注射庆大霉素2毫升（0.25克）、小檗碱2毫升或青霉素10万单位，每天2次。

中药疗法：a.平胃散：苍术10克、厚朴6克、枳壳6克、茯苓 6 克、陈皮 6 克、胆草 10 克、甘草 5 克，水煎，去渣灌服。

b. 五苓散：茯苓 10 克、泽泻 10 克、白术 12 克、赤芍 15 克、桂皮 5 克、滑石 10 克、建曲 15 克，水煎服，或研末开水冲服。

84 羔羊消化不良的病因有哪些？怎样治疗？

本病是初生羔羊在哺乳期的常发病。病的特征主要是明显的消化机能障碍和不同程度的腹泻。羔羊消化不良，根据临床症状和疾病经过，分为单纯性消化不良和中毒性消化不良两种。单纯性消化不良（食饵性消化不良），主要表现为消化与营养的急性障碍和轻微的全身症状；中毒性消化不良，主要呈现严重的消化障碍、明显的自体中毒和重剧的全身症状。羔羊消化不良，通常不具有传染性，但具有群发性的特点。在临床上应与由特异性病原体，如羊副伤寒、羔羊痢疾等引起的腹泻进行鉴别。

【病因】

① 母羊饲养不良，饲料中营养物质不足。妊娠母羊或哺乳母羊营养不足均可引起该病的发生。怀孕母羊营养不足可使母畜的营养代谢过程紊乱，影响胎儿消化器官的发育及机能的健全。哺乳母羊如母乳中维生素 A 不足时，可导致消化道黏膜上皮角化；B 族维生素不足时，可使羔羊胃肠蠕动机能障碍；维生素 C 不足时，可引起幼畜胃肠分泌机能减弱，造成体质下降，抵抗力降低。

② 饲养管理及护理不当。如人工哺乳不定时、不定量，乳温过高或过低，使用配制不当的代乳品，以及哺乳期幼畜补饲不当均可导致发病。畜舍潮湿、卫生不良、拥挤或气候变化而未得到良好保护引起的应激，都可引起羔羊消化不良。

③ 中毒性消化不良的病因，多半是由于对单纯性消化不良治疗不当或治疗不及时，导致肠内容物发酵、腐败，所产生的有毒物质被吸收或是微生物及其毒素的作用，而引起自体中毒的结果。

④ 乳房患急性、慢性疾病时，羔羊食母乳后，极易发生消化不良。

【预防】主要是改善饲养管理，加强护理，注意卫生。

① 加强妊娠母羊的饲养管理。保证母羊获得充足的营养物质，特别是在妊娠后期，应增喂富含蛋白质、脂肪、矿物质及维生素的优质饲料；改善母羊的卫生条件，经常刷拭皮肤，对哺乳母羊应保持乳房的清洁，并保证适当的舍外运动。

② 注意对羔羊的护理。保证新生羔羊能尽早地吃到初乳，最好能在生后1小时内吃到初乳，其量应在生后6小时内吃到不低于5%体重重量的高质初乳；对体质孱弱的羔羊，初乳应采取少量多次人工饮喂的方式供给；母乳不足或质量不佳时，可采取人工哺乳，人工哺乳应定时、定量，且应保持适宜的温度；畜舍保持温暖、干燥、清洁，防止羔羊受寒；羊舍及围栏周围应定期消毒，垫草应经常更换，粪尿及时清除，羔羊的饲具必须经常洗刷干净，定期消毒。

【治疗】应采取包括食饵疗法、药物疗法及改善卫生条件等措施的综合疗法。

将患病羔羊置于干燥、温暖、清洁的畜舍或畜栏内；加强哺乳母羊的饲养管理，给予全价日粮，保持乳房卫生。

为缓解胃肠道的刺激作用，可施行饥饿疗法。绝食（禁乳3~10小时），此时可饮盐酸水溶液（氯化钠5克，33%盐酸1毫升，凉开水1 000毫升）或饮温茶水（红茶），每天3次。

为排出胃肠内容物，对腹泻不甚严重的羔羊，可应用油类泻剂或盐类泻剂进行缓泻。

为防止肠道感染，特别是对中毒性消化不良的羔羊，可按每千克体重肌内注射链霉素10毫克，或卡那霉素10~15毫克，或头孢噻吩10~20毫克，或庆大霉素1 500~3 000单位，或痢菌净2~5毫克；也可按每千克体重内服磺胺脒0.12克，或磺胺-5-甲氧嘧啶50毫克等。

为制止肠内发酵、腐败过程，可选用乳酸、鱼石脂、萨罗、克辽林等防腐制酵药物。当腹泻不止时，可选用明矾、鞣酸蛋白、次硝酸铋、颠茄酊等药物。

为防止机体脱水，保持水盐代谢平衡，病初，可给羔羊饮用生理盐水 50～100 毫升，每天 5～8 次。亦可应用 10％葡萄糖注射液或 5％葡萄糖生理盐水注射液，羔羊50～100 毫升，静脉或腹腔注射。

为提高机体抵抗力和促进代谢机能，可施行血液疗法。皮下注射 10％枸橼酸钠贮存血或葡萄糖枸橼酸钠血（由血液 100 毫升、枸橼酸钠 2.5 克、葡萄糖 5 克、灭菌蒸馏水 100 毫升，混合制成），羔羊每千克体重 0.5～1 毫升，每次可增量 20％，间隔 1～2 天注射 1 次，每 4～5 次为一疗程。

中药疗法：党参 30 克、白术 30 克、陈皮 15 克、枳壳 15 克、苍术 15 克、防风 30 克、地榆 15 克、白头翁 15 克、五味子 15 克、荆芥 30 克、木香 15 克、苏叶 30 克、干姜 15 克、甘草 15 克，加水 1 000 毫升，煎 30 分钟，然后加开水至总量 1 000 毫升，每头羔羊 30 毫升，每天 1 次，用胃管投服。

85 热敷对治疗羔羊肠痉挛有效吗？

肠痉挛是不良因素刺激肠平滑肌痉挛性收缩而发生的一种间歇性腹痛，其主要病因是寒冷的刺激，或吃了腐败和难以消化的食物，或羔羊处于饥饿状态。对于该病民间常用热炕、热砖或热水袋热敷腹部，同时喂给热奶和温水，能收到满意效果。所以热敷对治疗羔羊肠痉挛是行之有效的方法之一。

86 绵羊食毛症是怎样发生的？怎样防治？

本症多见于哺乳羔羊，因其瘤胃的发育尚不完善，没有合成氨基酸的功能，如果母羊料中缺乏硫时母羊也无法合成含硫氨基酸，而使母乳中也缺乏含硫氨基酸，造成羔羊含硫氨基酸极度缺乏，以致引起吃羊毛的现象。其症状为羔羊突然啃咬和食入自己母羊的毛，主要拔吃颈部和肩部的毛，有时却专吃母羊腹部、后肢及尾部的脏毛。羔羊之间也可能互相啃咬被毛。

【预防】主要在于改善饲养管理。对于母羊饲料营养要完全，并经常进行运动。对于羔羊应供给富含蛋白质、维生素和矿物质的饲料，如青绿饲料、胡萝卜、甜菜和麸皮等，每天供给骨粉（5～10克）和食盐。近年来，用有机硫，尤其是蛋氨酸等含硫氨基酸防治本病，取得很好效果。

【治疗】以灌肠通便为主。①便秘和消化紊乱的羊，给予泻剂。如液状石蜡或硫酸钠，也可用人工盐。②加强母羊和羔羊的饲养管理，供给多样化的饲料和钙丰富的饲料（干草，尤其是苜蓿）。保证有一定的运动。精饲料中加入食盐和骨粉，补喂鱼肝油。③将吃毛的羔羊与母羊隔离开，只在吃奶时让其互相接近。④给羔羊补喂动物性蛋白质，如鸡蛋（富含胱氨酸），每天一个鸡蛋，连蛋壳捣碎，拌入饲料或奶中，有制止继续吃毛的作用。⑤可做真胃切开术，取出毛球。若肠道已经发生坏死，或羔羊过于孱弱，不易治愈。

87 哪些原因会导致母羊产后不食？怎样预防和治疗？

【病因】

① 羊产后消化机能减弱，而喂精饲料过多（特别是豆类），引起消化不良或便秘，导致厌食或减食。

② 羊产后极度疲乏，体质虚弱，引起消化机能紊乱而使食欲减退。

③ 羊产后腹压突然降低，影响消化机能的正常运行，引起暂时性的厌食。

④ 产后由于产道感染、发炎，体温升高，引起羊腹痛而厌食。

⑤ 哺乳后期不食，多因饲料太单一，尤其缺乏豆类等蛋白质饲料、钙质等矿物质元素及含维生素丰富的青绿饲料，造成羊营养不良，严重时还能引起羊跛行或瘫痪。

【预防】要了解日粮及饲草中听含的营养成分，是否搭配合理。特别是冬、春的枯草期，维生素是否缺乏。青、精、粗料要合理搭配，并注意日粮的可消化性及钙、磷、食盐等矿物质补充量。忌产后一次猛然投喂大量的精饲料（特别是豆科饲料）。

在母羊发育良好及体质健壮的情况下，产前1周要逐渐减少精料，产后 1 周要再逐渐增加精饲料，以防止产奶多、羔羊需奶量少而患乳房炎，特别是蛋白类饲料的供给，以保持食欲的旺盛。

在母羊体质瘦弱的情况下，要适当增加营养。

接产时要做好消毒、护理等工作，防止细菌感染产道而引起发炎、体温上升、食欲下降或拒食，俗称产后风，是羊最容易患的病症。羊尤易由伤口感染破伤风梭菌。

【治疗】由于喂精饲料过多而引起的不食症，可用人工盐或用黄酒 250 克、红糖 200 克、生姜细末 100 克混匀，酌量分期灌服。此外，还可用鸡、猪的胆汁 15 毫升加食醋 100～200 克，煮沸放温灌服。也可用鸡内金在炊火上用砖或瓦焙焦，碾成粉加黄酒灌服。

因营养性缺钙及磷引起的不食症。可用葡萄糖酸钙 0.5 克×10 片，每天 3 次，连服 5～10 天。或静脉注射 10％葡萄糖酸钙 30～50 毫升，每天 1 次，连续注射 3～5 天。观察病情，考虑是否增加疗程。内服骨粉（或磷酸氢钙）30 克，每天 1～2 次，补钙的同时要注意补充维生素 AD_3 粉或鱼肝油。

因产道感染而发热引起的不食症，应及时退热，并用磺胺类及抗生素治疗。同时，还要服用"加味生化汤"治疗：当归 25 克、黄芪 25 克、益母草 15 克、川芎 15 克、红花 15 克、三棱 15 克、莪术 15 克、桃仁 15 克、炮姜 8 克，煎汤灌服，每天早晚两煎，连服 3～5 天。

88 什么原因引起羊发生膀胱炎、膀胱麻痹及尿结石等疾病？该怎样处理？

（1）膀胱炎 膀胱黏膜表层及深层的炎症。按炎症的性质可分为卡他性、纤维蛋白性、化脓性、出血性四种。其中临床中以黏膜的卡他性炎症较为多见。

【病因】

① 病原微生物感染。除传染病继发时由于特异性细菌感染外，在一般情况下，常由于非特异性细菌感染，如化脓杆菌、葡萄球

菌、绿脓杆菌、大肠杆菌、变形杆菌等。此等病原菌多系通过血液循环或尿道侵入膀胱所致，在某些情况下，由于导尿时导尿管或手指消毒不彻底所引起。

② 邻近器官炎症的蔓延。如肾炎、输尿管炎、子宫炎、阴道炎、尿道炎、腹膜炎等皆能导致本病的发生。

③ 机械性或化学性的刺激。如膀胱结石、膀胱肿瘤，或因膀胱麻痹、尿道阻塞、尿液在膀胱内积蓄时间较长，发酵分解产物，有毒代谢产物刺激等引起膀胱炎。刺激性的药物如斑蝥、松节油及某些农药中毒等，也可引起本病的发生。

【处理办法】治疗原则是改善饲养管理，抑菌消炎，防腐消毒以及对症治疗。

① 改善饲养管理。注意让病羊适当休息，减少精饲料，饲喂无刺激性、富含营养且易消化的优质饲料，并给予清洁饮水。

② 药物治疗。庆大霉素每千克体重 10～15 毫克、氯化铵片 0.3 克×6 片、穿心莲片 1 克×30 片，成年羊 1 天灌服 2～3 次；头孢氨苄胶囊 0.25 克×4 片，成年羊 1 天灌服 2～3 次，对治疗病原微生物感染引起的膀胱炎效果很好。

③ 中药疗法。对一般性膀胱炎可服用滑石散；对炎性产物较多的膀胱炎，可服用治浊固本汤；对出血性膀胱炎，可服用秦艽散。

（2）膀胱麻痹　膀胱失去排尿能力，尿液停滞，称为膀胱麻痹。

【病因】腰荐部或后腰部的脊髓疾病（如炎症、麻痹、创伤、出血及肿瘤等），使支配膀胱的神经机能发生障碍，或调节排尿的高级神经系统-大脑皮质机能发生障碍时，都能引起膀胱麻痹或不全麻痹。

【处理方法】

① 尿液停滞时，可用消毒后的导尿管排尿，每天 2～3 次。人工排尿时，可在尿道口涂搽些消毒软膏，以保持清洁和预防发炎。由腹壁按摩膀胱，排出尿液，每次持续 15 分钟，每天

1～2 次。

② 药物治疗。a. 5％百浪多息钠（红色素）5～15 毫升，1 次肌内注射。b. 腰荐部涂搽樟脑乙醇。c. 熟地、山药、朴硝、红茶末各 30 克，生芪、肉桂、滑石、车前子各 15 克，茯苓、猪苓、木通、泽泻各 6 克共为细末，开水冲调，加竹叶、灯芯煎汁为引，1 次灌服。

③ 提高膀胱肌肉的兴奋性。0.1％硝酸士的宁 1～3 毫升，1 次皮下或肌内注射，连用 3 天，休药 2 天后，可再用 1 个疗程。维生素 B_{12} 100 微克×（1～2）毫升、维生素 B_1 10 毫克×（1～2）毫升混合百会穴注射。

④ 为了防止尿路与膀胱发炎，可内服庆大霉素、阿莫西林等。

（3）尿结石　尿结石是原来溶解在尿中的各种盐类析出所形成的凝结物，中兽医称"砂石淋"。这种凝结物若存在于肾盂（称肾结石）、膀胱（称膀胱结石）或移行于尿道（称尿道结石），是引起排尿困难为主征的一种疾病。

【病因】尿结石主要是磷酸盐、硅酸盐的结晶。其形成是由多种因素造成的。主要是尿中保护性胶体的含量减少，盐类物质与这些胶体之间的比例发生变化，某些盐类化合物含量过大。此外，结石的生成也与尿道的 pH、肾机能变化、饮水质量等有关。临床以 3～6 月龄的公羊发病较多。

【预防】①防止长期单调地喂饲羊只，给以富含矿物质的饲料和饮水。饲料日粮的钙、磷比例应保持为 1.2：1 或（1.5～2）：1。②日粮中应含有适量的维生素 A，以防止泌尿器官的上皮形成不全或脱落，而造成尿结石的核心物质增多。③对泌尿器官疾病（肾炎、肾盂肾炎、膀胱炎、膀胱痉挛等）应及时给予治疗，以免尿液潴留。④平常应适当增喂多汁饲料或增加饮水，以稀释尿液，减少泌尿器官的刺激，并保持尿中胶体与晶体间的平衡。⑤对舍饲的羊只，应适当地喂给食盐或于饲料中添加适量的氯化铵，以延缓镁、磷盐类在尿石外周的沉积。

【治疗】对于较大的尿结石，一般用药物治疗无效时，可采用手术方法取出结石。对小颗粒粉末和小块的尿结石，可使用利尿药，促其排出。内服双氢克尿噻 0.1 克×（1～4）片，每天 1～2次，或氯噻酮 0.1 克×（2～4）片，每天或隔天 1 次。也可按每千克体重肌内注射速尿剂 0.5～1 毫克，每天或隔天 1 次。同时可每天肌内注射黄体酮 10 单位，解痉排石。

中药疗法：处方一：木通 21 克、瞿麦 30 克、萹蓄 30 克、海金砂 30 克、车前子 30 克、生滑石 45 克、栀子 21 克，水煎候温灌服。处方二：桃仁 12 克、红花 6 克、归尾 12 克、赤芍 9 克、香附 12 克、海金砂 15 克、吴茱萸 9 克、官桂 12 克、广木香 9 克、茯苓 12 克、木通 18 克、萹蓄 12 克研末，分 3 次开水冲服，每次灌药和水 500 毫升，治山羊尿结石。上方服后，见排尿不感困难时，再服下方：车前子 18 克、海金砂 12 克、木通 15 克、灵仙根 9 克、荔枝核 12 克、血通 12 克、滑石 15 克、广香 9 克、橘核 12 克、银花 9 克、白芷 15 克、通草 3 克研末，分 2 次开水冲服。若继发肾盂肾炎时，可内服乌洛托品、呋喃坦啶等尿道消炎药。

89 如何防治羊的日射病与热射病？

日射病与热射病又叫中暑，本病是在炎热的阳光下放牧，或关在通风不良、潮湿闷热的车厢或栏舍内而发生。尤其是绵羊最为常见。

【预防】不在炎热的阳光下放牧。车厢、羊舍要通风凉爽，防止闷热。多给饮水和清凉多汁饲料。

【治疗】①将病羊迅速转移到阴凉通风的地方，往头部浇淋冷水或凉水灌肠。注射安钠咖，大羊 3～5 毫升，给予等渗食盐水饮用，必要时可投服清凉剂。②颈静脉放血 80～100 毫升，放血后补液，可用 5% 糖盐水 500 毫升加入 10% 安钠咖 4 毫升。③纠正酸中毒及时对症治疗，可静脉注射 5% 碳酸氢钠注射液50～100 毫升。心脏衰弱及循环虚脱时，皮下注射 5% 硫酸苯异丙胺溶液 20～40 毫升。

90 肺炎怎样治疗和护理？

肺炎是肺泡、细支气管以及肺间质的炎症。病因是多方面的，除微生物因素外，营养不良、维生素和矿物质缺乏、气候剧变、圈舍寒冷潮湿、受寒感冒、夏季畜密集、通风不良、畜舍过热及有害气体刺激、母羊怀孕期及产后营养不良而泌乳不足，都可引起羔羊肺炎。

本病还继发于一些内外产科疾病，尤其是化脓性疾病。一些寄生虫病也可引起肺炎。

【治疗】加强护理，消除炎症，祛痰止咳，制止渗出，促进渗出物的吸收和排出。

① 青霉素每千克体重 2 万～4 万单位，每天肌内注射 2 次，同时肌内注射链霉素每千克体重 2 万单位，并配以清热解毒针剂或解热镇痛针剂。青霉素、链霉素可用注射用水或灭菌生理盐水溶解。

② 5％恩诺沙星注射液，每千克体重 0.1～0.2 毫升，每天肌内注射 2 次。

③ 10％葡萄糖 500 毫升，双黄连每千克体重 60 毫克，以不超过 1.2％的药物静脉注射效果良好，严重病例再配以地塞米松效果更好。

④ 10％葡萄糖 500 毫升，10％磺胺嘧啶钠每千克体重 0.07 克，5％氯化钙 20～100 毫升静脉注射，严防漏入皮下。

⑤ 杀菌先 1～2 毫升肌内注射，1 天 2 次。

⑥ 治喘灵 1 毫升肌内注射，1 天 2 次。

⑦ 复方樟脑酊 5 毫升、止咳糖浆 30 毫升、小苏打 0.3 克×10 片、磺胺嘧啶 0.5 克×8 片，成年羊加水 1 次内服，每天服 3 次。

⑧ 氯化铵 0.1 克×2 片、杏仁水 10 毫升、远志酊 10 毫升、磺胺嘧啶乳 50 毫升，加水 1 次内服。

⑨ 普鲁卡因青霉素 10 万单位加生理盐水 10～20 毫升气管内注入。

⑩ 中药麻杏石甘汤灌服。

【预防及护理】加强耐寒锻炼防止感冒，出汗后防止受寒冷、风、雨、潮湿、过堂风的袭击。加强饲养管理，喂给营养丰富易于消化的饲料。圈舍要通风透光，保持空气新鲜清洁，冬季保暖防寒，炎夏防暑。对于由某些传染病或寄生虫引起的肺炎，要及时根除病因。

羊的中毒、营养代谢性疾病

第六章

91 怎样预防羔羊白肌病的发生？

羔羊白肌病又称肌肉营养不良症。由于饲料中微量元素硒和维生素E缺乏或不足，而引起骨骼肌（图6-1）、心肌和肝脏组织变性、坏死为特征的疾病。该病在绵羊羔和仔山羊均可发生。

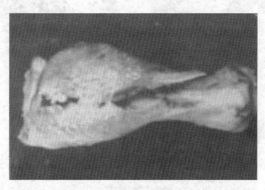

图6-1 羔羊白肌病的骨骼肌

【预防】对缺硒地区，每年新生的羔羊，在生后20天左右，开始用0.2%亚硒酸钠溶液皮下或肌内注射1毫升，间隔20天左右再注射1.5毫升。注射开始日期最晚不超过25日龄。给怀孕母羊皮下一次注射亚硒酸钠，剂量为4～6毫克，能预防新生羔羊白肌病。

【治疗】对发病羔羊每只应立即用0.2%亚硒酸钠溶液颈部皮

下或肌内注射1.5～2毫升，隔20天再注射一次，同时注射维生素E，效果更好。

92 如何防治羊的佝偻病及骨软病？

佝偻病和骨软病均是由于维生素D及钙、磷缺乏或饲料中钙、磷比例失调所致的一种骨营养不良性代谢病，特征是生长骨的钙化作用不足，并伴有持久性软骨肥大与骨骺增大。临床特征是消化紊乱，异嗜癖，跛行（图6-3）及骨骼变形（图6-2）。

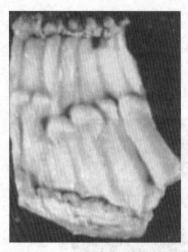

图6-2　羔羊佝偻病骨骼变形　　　图6-3　羔羊佝偻病的体态

【预防】加强怀孕母羊的饲养管理，供给充足的青绿饲料和青干草，补喂骨粉，增加日照和运动时间。羔羊饲养更应注意，有条件的饲喂干苜蓿、沙打旺、胡萝卜等青绿饲料，并按需要量添加食盐、骨粉、各种微量元素等矿物质饲料。

【治疗】有效的治疗药物是维生素D制剂，如鱼肝油、浓缩维生素D油、鱼粉等。鱼肝油每克含维生素D不得少于5 000单位，羔羊为0.5～1.0克，拌在饲料中。市售维生素D_2的植物油溶液（骨化醇）也可内服，预防量均为每千克体重20～30单位，治疗量为其 10～20 倍。补钙可用 10％的葡萄糖酸钙注射液 5～10 毫升，一次静脉注射。中药可用三仙蛋壳粉：焦山楂、神曲、麦芽各 60 克，蛋壳粉（烘干后为末）120 克，混合后每只羔羊每天 12 克，灌服，连用 1 周。

93 羊误食塑料膜等异物后怎样处理？

此症属于异食癖，就是羊喜欢吃一些塑料膜及一些不能消化的杂物。成年以上的羊只发生较多。

该病的发生主要是因为草料中营养物质不足，机体供需失调，引起代谢紊乱，致使味觉和食欲失常。如草料中长期钙、磷、盐不足，缺乏铁、铜、锰、锌、钴、硒等微量元素和维生素 C、B 族维生素等。所以对于该症的治疗首先要及时找出病因，针对病因进行处理，如为营养问题应及时调整饲料配方，尽量喂给全价饲料，搞好饲料搭配，另外在饲料中经常加些苏打粉和一些微量元素以防止本病的继续发生。

该症一旦出现药物治疗一般无效，多采用手术切开瘤胃取出异物。其手术程序是右侧卧保定后：

（1）剪毛消毒　在左肷部剪毛，手术部位刮毛后，用 1％～1.5％来苏儿水冲洗干净，再用 5％碘酒消毒，后用 75％乙醇脱碘消毒。

（2）麻醉　全麻可用速眠新（复方静松灵）或静松灵。手术部位用 2％普鲁卡因浸润麻醉。

（3）手术部位　在左侧肷中部切口。从左侧髋结节与最后肋骨平行连线的中点，距腰椎横突末端外 4～6 厘米处，向下垂直切开 10～14 厘米。皮肤切口要长于瘤胃切口 3～5 厘米。

（4）手术方法　①切开皮肤，切口长度 13～15 厘米，向四周分离皮肤 3 厘米，用消毒过的纱布填在皮肤下。②分离切割腹肌。使之露出瘤胃，把瘤胃的切口部位尽量向外拉出。并将胃壁和皮肤采取 4～6 点缝合固定。③切开瘤胃，切口可以 8～12 厘米长，然后伸手把塑料膜、编织物等杂物取出，但一定要小心分批取出，严防胃内容物污染腹腔。④异物取出后，把瘤胃切口污物擦去后适当消毒，解除胃壁和皮肤的缝合，取出防污纱布条，再把切口部消毒，在腹腔内撒青霉素、链霉素各100万～200万单位。⑤缝合切口：a. 用丝线从胃壁切口下部往上进行全层缝合，要平整严密，然后冲洗消毒缝合处，再做一次浆膜肌层连续内翻缝合。清理消毒送还腹腔。再往腹腔内撒青霉素、链霉素各100万单位。b. 用4～6号丝线将腹膜和腹横肌分别连续缝合或1次缝合。c. 用6～7号丝线分层结节缝合肌肉。d. 用8～10号丝线结节缝合皮肤。皮肤缝合要平整，严防内翻。e. 在缝口处消毒后涂以四环素等广谱抗菌的消炎软膏，或撒100万单位青霉素，然后再用2～3层纱布把伤口盖住，7～8天后拆线。f. 术后护理：肌内注射青霉素、链霉素每次100万～320万单位，每天2次，连用5～6天。每隔1～2天检查1次伤口处，发现问题及时处理。加强饲养管理，喂给易消化的草料，圈舍要保持干净。单独饲养7～10天后再放入大群饲养。

94 羊发生酮尿病的原因是什么？怎样预防？

羊的酮尿病又称为酮病、酮血病、醋酮血病，是由于蛋白质、脂肪和糖的代谢发生紊乱，在血液、乳、尿及组织内酮的化合物蓄积所致的疾病。

【病因】本病的主要原因是由于大量饲喂含蛋白质、脂肪高的饲料（如豆类、油饼），而碳水化合物饲料（粗纤维丰富的干草、青草、禾本科谷类、多汁的块根饲料等）不足，或突然给予多量蛋白质和脂肪的饲料，特别是在缺乏糖和粗饲料的情况下供给多量精饲料，更易致病。在泌乳峰值期，高产奶羊需要大量的能量，当所给饲料不能满足需要时，就动员体内贮备，因而产生大量酮体，酮体积聚在血液中而发生酮血病。还可继发于前胃弛缓、真胃炎、子宫炎和饲料中毒等过程中。主要是由于瘤胃代谢扰乱而影响维生素B_{12}的合成，导致肝脏利用丙酸盐的能力下降。另外，瘤胃微生物异常活动所产生的短链脂肪酸，也与酮病的发生有着密切关系。妊娠期肥胖，运动不足，饲料中缺乏维生素 A、B 族维生素及矿物质不足等，都可促进本病发生。绵羊发生于冬末春初，山羊则没有严格的季节性。

【预防】改善饲养条件，冬季防寒，并补饲胡萝卜、甜菜等；春季补饲青干菜，适当补饲精饲料（以豆类为主）、骨粉、食盐及维生素 A、B 族维生素、维生素 D 等。

【治疗】①先是提高血糖的含量，静脉注射高渗葡萄糖50～100毫升，每天 2 次，连续 3～5 天。条件许可时，可与胰岛素 5～8 单位混合注入。②发病后可立即肌内注射可的松0.2～0.3 克或促肾上腺皮质素 20～40 单位，每天 1 次，连用4～6 次。丙酸钠每天 250 克，混入饲料中喂给，共给 10 天。还可内服丙二醇 100～120毫升，每天 2 次，连用 7～10 天。③内服甘油 30 毫升，每天 2 次，连续 7 天。④为了恢复氧化-还原过程及新陈代谢，可口服枸橼酸钠或醋酸钠，剂量按每千克体重 300 毫克计算，连服 4～5 天。还可用硫代硫酸钠 2 克，葡萄糖 20～40 克，加蒸馏水至 100 毫升制成注射剂，每次静脉注射30～80 毫升。

95 如何预防和治疗羊维生素 A 缺乏症？

维生素 A 缺乏症是由维生素 A 或其前体胡萝卜素缺乏或不足所引起的一种营养代谢疾病。因长期舍饲或冬春季节青绿饲料不足，导致羊群发病。临床上以生长缓慢、上皮角化、夜盲症、繁殖机能障碍以及机体免疫力低下等为特征。多发生于初春、秋末和冬季。

【预防】①注意改善饲料成分。配给日粮时，必须考虑维生素 A 的含量，每千克体重应供给胡萝卜素 0.1～0.4 毫克。②对孕羊要特别重视供给青绿饲料，冬季要补充青干草、青贮料或胡萝卜。③有条件可喂些发芽豆谷，适当运动，多晒太阳，并注意监测血浆维生素 A。

【治疗】以补充富含维生素 A 及胡萝卜素的饲料为主，辅以药物治疗的原则。①补充维生素 A 及胡萝卜素，增加日粮中黄玉米、胡萝卜、鱼粉和三叶草等的含量。②药物治疗，在日粮中加入青饲料及鱼肝油，可获得迅速治愈。鱼肝油的口服剂量为20～50毫升。当消化机能紊乱时，可以皮下或肌内注射鱼肝油，用量5～10毫升，分点注射，每隔1～2天1次。亦可用维生素A注射液进行肌内注射，用量为2.5万～3万单位。

96 怎样诊断羊有机磷制剂中毒？如何治疗？

有机磷中毒是由于有机磷农药或兽药通过各种途径进入羊只机体，与胆碱酯酶结合，从而抑制了该酶的活性，造成体内的乙酰胆碱大量蓄积，导致副交感神经过度兴奋。

【诊断】①有误食有机磷制剂如敌百虫、敌敌畏、乐果、1605、1059、3911等的可能。②有以副交感神经兴奋为主的症状：如流涎、流泪、瞳孔缩小、出汗、肌肉震颤、呼吸急促、步态蹒跚、反复起卧、兴奋不安，甚至出现冲撞蹦跳，严重时病羊处于抑制、衰竭、昏迷和呼吸高度困难状态等症状。

【治疗】立即停止采食或使用疑为有机磷来源的饲料或饮水，迅速采取排毒、解毒措施。

①解毒。特效疗法：a.注射硫酸阿托品10～30毫克，其中1/2量静脉注射，1/2量肌内注射。临床上以流涎、瞳孔大小情况来增减阿托品用量。黏膜发绀时暂不使用阿托品。b.皮下注射或静脉注射解磷定每千克体重20～50毫克，静脉注射时溶于5％葡萄糖或生理盐水中使用，必要时12小时重复一次。也可用阿托品配合氯磷定进行解毒，但切记使用解磷定后不可再改用氯磷定。

②排毒。a.洗胃。用2％碳酸氢钠（敌百虫中毒时忌用）1 000～2 000毫升用胃导管反复洗胃。b.泻下排毒。用硫酸钠50～100克加水灌服。c.静脉注射糖盐水500～1 000毫升，维生素C 0.3克。

【预防】加强宣传教育，切实保管好农药和有机磷处理过的种子。在用喷洒有机磷农药的田间野草喂羊时，应反复用清水洗泡数次，经喷药的作物其茎叶上附有药液，未经雨水冲刷不得当作饲草并禁止放牧。兽医临床上给羊只驱虫灭虫时，应注意护理和观察，以防中毒。

97 哪些植物能引起羊中毒？

引起羊发生中毒的植物有蓖麻叶、醉马草、青冈叶等能直接引起中毒，荞麦、苜蓿易引起感光过敏。

98 羊硝酸盐及亚硝酸盐中毒该怎样治疗？

硝酸盐通过一定的途径转成亚硝酸盐才会发生中毒。其中毒症状主要是呈现呼吸高度困难，肌肉震颤，步态蹒跚，倒地后全身痉挛症状尤为明显，初期黏膜苍白，表现发抖痉挛，后肢站立不稳或呆立不动。后期黏膜发绀，皮肤青紫，呼吸促迫，出现强直性痉挛。体温正常或偏低，躯体末梢部位厥冷。针刺耳尖仅渗出少量黑褐红色血滴，且凝固不良。此外还会出现流涎、疝痛、腹泻等症状。一般在采食后 1～5 个小时发病。

【治疗】

① 特效疗法。a. 1％美蓝每千克体重 0.1 毫升，10％葡萄糖 250 毫升，1 次静脉注射。必要时 2 小时后再重复用药。b. 5％的甲苯胺蓝每千克体重 0.5 毫升，配合维生素 C 0.4 克，静脉或肌内注射。

② 对症疗法。a. 过氧化氢 10～20 毫升，以 3 倍以上量生理盐水或葡萄糖水混合静脉注射。b. 10％葡萄糖 250 毫升，维生素 C 0.4 克，25％尼可刹米 3 毫升，静脉注射。c. 用 0.2％高锰酸钾溶液洗胃，耳静脉放血。

【预防】

① 避免青绿饲草长时间堆放。

② 接近收割的青饲料不能再施用硝酸盐类肥料。

③ 对可疑饲料、饮水，饲用前应采样化验。其方法是：采用芳香胺试纸测定法，预先配制成试剂Ⅰ液、Ⅱ液，Ⅰ液用对氨基苯磺酸 1 克，酒石酸 20 克，水 100 毫升配成。Ⅱ液用亚甲胺 0.3 克，酒石酸 20 克，水 100 毫升配成；将滤纸用Ⅱ液浸透后阴干，再用

Ⅰ液浸透，然后在 20 ℃中避光烘干，切成小试纸条，密封储存在干燥有色瓶中备用。

测定操作是将可疑饲料的汁液滴在小试纸条上，如呈现红色反应者，即指示为该饲料中含有过多的亚硝酸盐。

99 怎样治疗羊的氟中毒及有机氯农药中毒？

（1）氟中毒　杀鼠剂主要是有机氟制的，农药有无机氟制品。氟中毒是由于过多的无机氟或有机氟化物进入羊只机体引起以骨质脱钙（图6-4、图6-5、图6-6、图6-7的牙齿脱钙）为特征的慢性病变或急性病变过程。往往在某些地区成为地方性多发病。有机氟主要见于杀鼠剂，无机氟主要见于农药。

图6-4　氟中毒对切齿的影响
左：健康组齿　右：氟中毒组

图6-5　氟中毒对切齿的影响
左：氟中毒羊切齿　右：健康切齿

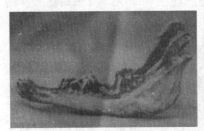

图6-6　氟中毒羊的臼齿形成长短牙

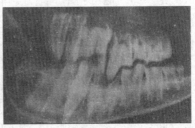

图6-7　氟中毒山羊的牙齿X线照片
（反映上下臼齿磨损情况）

急性中毒的治疗：无机氟中毒时可先用 0.2～0.5 克氯化钙或 0.5％鞣酸溶液洗胃，而后内服硫酸铝 3～6 克。亦可静脉注射 10％氯化钙或葡萄糖酸钙，肌内注射维生素 D 或维丁胶性钙。同时配合应用维生素 C，以减轻骨质肿胀。有机氟中毒时，洗胃、导泻，并静脉注射或肌内注射解氟灵（50％乙酰胺），剂量按每千克体重每天 0.1～0.3 克计，首次用量要达日用量的一半，一般注射 3～4 次。若症状再出现，可重复用药。

慢性中毒可用硫酸铝 6 克内服，每天 1 次，连续应用。

对症治疗：如呼吸困难可用尼可刹米、盐酸山梗菜碱等。

（2）有机氯农药中毒 因羊摄入有机氯农药而引起的中毒。临床上以病羊出现兴奋不安、肌肉震颤、角弓反张、口吐白沫等病状为特征。

治疗对本病尚无特效疗法，根据病情可采取的措施有：①用 2％碳酸氢钠溶液洗胃或冲洗皮肤。②用盐类泻剂泻下排毒（禁用油类泻剂）。③成年羊静脉注射 10％葡萄糖 500～1 000 毫升，维生素 C 0.3 克，10％樟脑磺酸钠 2～10 毫升，10％葡萄糖酸钙 50 毫升。④对症疗法：兴奋不安时用安溴或溴化钙、硫酸镁解痉镇静，心衰时使用樟脑钙制剂强心（禁用肾上腺素）。口吐白沫可注射阿托品。⑤ 灌服甘草绿豆汤：甘草、绿豆各 250 克加水煎服。

100 如何治疗羊烂甘薯中毒？

羊吃入一定量的黑斑病、软腐病、象皮虫病的病甘薯均可引起中毒。其主要特征为呼吸困难、急性肺水肿及间质性肺气肿，并于后期引起皮下气肿。

【治疗】治疗原则：排毒、解毒及缓解呼吸困难。

① 排毒、解毒。a. 内服氧化剂，0.1％高锰酸钾 150～200 毫升或 0.5％过氧化氢 50～100 毫升 1 次灌服。b. 内服盐类泻剂，硫酸镁 50～80 克、人工盐 10～15 克、水 600～700 毫升，混合后 1 次灌服。

② 缓解呼吸困难。10％葡萄糖 500 毫升、5％～10％硫代硫酸

钠注射液 20～50 毫升，静脉注射。亦可同时加入维生素 C 0.2～0.5 克，或静脉注射过氧化氢，即 3％过氧化氢 1 份、复方生理盐水（或 25％葡萄糖液）3 份混合液，每次 50～100 毫升，每天 1～2 次。

③ 当肺水肿时可用 5％葡萄糖溶液 50 毫升、10％氯化钙溶液 10 毫升、10％安钠咖 2 毫升，混合后 1 次静脉注射。

④ 发现酸中毒时用 5％碳酸氢钠溶液 50～100 毫升，1 次静脉注射。

⑤ 中药疗法。白矾、贝母、白芷、郁金、黄芩、葶苈、甘草、石韦、黄连、龙胆草各 9 克，枣 20 克，煎水加蜂蜜 500 克 1 次内服。

⑥ 单方。a. 绿豆 250 克、甘草 50 克煎后加蜂蜜 250 克 1 次内服。b. 水菖蒲 50 克加水煎服。

⑦ 为预防并发症可应用磺胺类、青霉素等抗生素类药。

【预防】不用病甘薯喂羊，注意甘薯的保存，以免感染黑斑病菌。已染病的甘薯宜深埋，以免羊只采食。

101 羊多食尿素等含氮化肥中毒怎么办？

羊瘤胃内的微生物可将尿素或铵盐中的非蛋白氮转化为蛋白质，因此人们在饲料中加入尿素或铵盐部分替代蛋白质饲料来饲喂羊。但当加入量不恰当或过量即可发生中毒，中毒时以神经系统和呼吸系统症状为主要特征。

【预防】防止羊只误食含氮化学肥料；在饲用各种含氮补饲物时，应遵守的原则是：必须将补饲物同饲料充分混合均匀；必须使羊只有一个逐渐习惯于采食补饲物的过程，因此在开始时应少喂，于 10～15 天内达到标准规定量。如果饲喂过程中断在下次补喂时，仍应使羊只有一个逐渐适应过程；不能单纯喂给含氮补饲物（粉末或颗粒），也不能混于饮水中给予。

【治疗】在中毒初期：为了控制尿素继续分解，中和瘤胃中所生成的氨，应该灌服 0.5％的食用醋 200～300 毫升，或者灌给同样浓度的稀盐酸或乳酸；若有酸牛乳时，可灌服酸奶500～750克或给羊灌服1‰醋酸200毫升，糖100～200克加水300毫升，可获得良好效果。臌气严重时，可施行瘤胃穿刺术。对于铵盐中毒者，还可内服黏浆剂或油类，混合大量清水灌服。如吞咽困难，可慢慢插入胃管投服。对症治疗，用苯巴比妥以抑制痉挛，静脉注射硫代硫酸钠以利解毒。

102 棉籽饼引起羊的中毒怎样治疗？

棉籽及其榨油后的副产品——棉籽饼，含有丰富的蛋白质和磷，在畜牧业生产中常作为一种精饲料补饲，可提高蛋白质和磷的营养成分。然而，棉籽、棉叶及棉籽饼中含有一种称之为棉酚的有毒物质，饲喂不当可引起羊中毒。

【预防】①长期饲喂棉籽或其副产品时，应搭配豆科干草或其他优良粗饲料或青饲料；同时补充维生素A和钙。②减毒或去毒处理：将棉籽饼粕热炒或蒸煮1小时后再喂，可避免中毒。用10‰大麦粉与其混合后煮沸，去毒效果更好。对怀孕期和哺乳期的母羊，不要喂棉籽饼和棉叶。

【治疗】①立即取消日粮中的棉籽或棉籽饼粕，当病畜尚有食欲时，尽量多喂些青绿饲料、胡萝卜等，对提高疗效有好处。②胃肠炎严重的可用消炎剂和收敛剂，如磺胺脒、氢氧化铝胶等。还可用硫酸亚铁1～2克，一次内服。③为了阻止渗出、增强心脏功能、补充营养和解毒，可用高渗葡萄糖液、安钠咖、10‰氯化钙静脉注射，配以维生素C、维生素A、维生素D更好一些，特别是对视力减弱的患畜，加维生素A疗效明显。

103 羊采食蓖麻叶、青冈叶、醉马草等植物发生中毒怎样治疗？

（1）采食蓖麻叶　蓖麻中毒是羊误食过量蓖麻叶、蓖麻籽或其饼粕而引起的中毒病。临床特征为腹痛、腹泻、运动失调、肌肉痉挛和呼吸困难以及致死性拉稀。

① 预防。a. 不要到生长有蓖麻的地区放牧。b. 在种植蓖麻的区域，应及时收获并妥善保管蓖麻籽实，避免成熟籽实散落地面或混入饲料而被动物采食；研磨蓖麻籽的用具，必须彻底清洗，否则不能用来研磨饲料。c. 用蓖麻籽作饲料时，应进行脱毒处理。

② 治疗。蓖麻中毒通常选用抗蓖麻毒素血清治疗。尼可刹米、异丙肾上腺素能对抗过敏原的毒性作用。发生蓖麻中毒时，立即用 0.5%～1% 单宁酸或 0.2% 高锰酸钾洗胃，并给以盐类泻剂、黏浆剂，灌服吐酒石（酒石酸锑钾）、蛋白、豆浆等，也可用利尿剂和乌洛托品等注射，用 4% 碳酸氢钠灌肠。对症疗法用强心剂、兴奋剂等。此外，羊中毒时灌服白酒也有疗效。

（2）采食醉马草　醉马草为多年生草本植物，分为禾本科和豆科，豆科醉马草学名为小花棘豆。羊因采食醉马草而发生中毒。疾病的特点是出现酒醉样的神经症状和局部损伤。

① 预防。a. 从外地购进的羊要严加管理，严格禁止到醉马草生长繁茂的草地放牧。或将幼嫩醉马草捣碎，用人尿拌后涂于羊口腔及牙齿上，可使其产生厌恶感而不再采食醉马草。b. 可用"茅草枯"每 667 米^2（每亩）0.5～1.5 千克，进行草场喷洒灭除草原醉马草。醉马草稀疏的地方可用人工挖除，或局部焚烧也能达到灭除的目的。

② 治疗。目前尚无特效解毒疗法。应尽早采取酸类药物中和解毒，并进行对症治疗。可应用醋酸 30 毫升或乳酸 15 毫升，加水灌服；也可灌服食醋或酸牛奶 50～100 毫升。亦可试用 11.2% 乳酸钠溶液 10 毫升，一次静脉注射。同时根据病情进行强心、补液等支持疗法。

（3）采食青冈叶　青冈叶中毒是由于羊群采食了青冈叶的叶和花而引起的中毒性疾病。发生以便秘或下痢、水肿、胃肠炎和肾脏损害为临床特征的中毒性疾病，又称为栎树叶中毒，或橡树叶、柞树叶中毒。

① 预防。根本的预防措施应是杜绝或限制采食栎树叶，这就需要改造丛生的矮小灌木型栎树林，培育其成为乔木型成材林，或

进行彻底铲除。在疾病高发地区，可采取的措施有：a. "三不"措施：在发病季节，不在栎树林放牧，不采集栎树叶喂羊，不采用栎树叶垫圈。b. 日量控制法：根据羊采食栎树叶占日量的50%以上即发生中毒的有关报道和经验，应控制栎树叶在日粮中的比例不超过40%。具体做法应是上半天舍饲，下半天放牧；或缩短放牧时间，用补饲的办法或加喂夜草解决放牧不足。c. 口服高锰酸钾法：在发病季节，对放牧羊在归牧时灌服或自由饮用0.5%高锰酸钾溶液400~600毫升，高锰酸钾可氧化栎丹宁及其降解产物为无毒的氧化物。也可试用1%的氢氧化钙或石灰水等碱性溶液50~100毫升内服预防。

② 治疗。目前尚无特效解毒疗法。病羊应立即停喂栎树叶或禁止在栎树林放牧，供给优质青草或青干草。并采取以下综合治疗措施。

a. 解毒。用10%硫代硫酸钠5~10毫升/头，每天一次静脉注射，连续2~3次。适合于早期病例，注射后血中游离酚含量在24小时内即有明显下降。也可静脉注射10%~25%葡萄糖进行解毒。初期还可灌服适量生豆浆水。

b. 润肠缓泻。可灌服菜子油等植物油（禁用盐类泻剂）80~250毫升，或蜂蜜50~100克。为减少和阻止胃肠中残留丹宁的继续水解，可投服鸡蛋清10~20个；或用1%~3%的食盐溶液100~300毫升进行瓣胃注射。

c. 碱化尿液和利尿。静脉注射5%碳酸氢钠溶液50~100毫升，适合于尿液 pH 在6.5以下病例。也可用10%葡萄糖溶液和甘露醇或速尿注射液混合静脉注射，或口服双氢克尿塞利尿，如肾功能衰竭时，则应慎用利尿剂，有条件时宜采用腹膜或结肠透析疗法。

d. 强心补液。用10%~20%安钠咖注射液静脉或肌内注射，其兼有强心利尿作用。对全身衰弱或心力衰竭的病畜，应用洋地黄等强心苷制剂。也可用5%~10%葡萄糖注射液、等渗葡萄糖生理盐水、林格氏液500~1 000毫升，加20%安钠咖注射液10毫升，一次静脉注射。

e.中药治疗。初期清热、解毒、利水，方剂用"荆防败毒散"：荆芥、防风、连翘、银花、土茯苓、泽泻、茵陈、木通、滑石、前仁、枳壳各32克，麻仁250克，陈皮30克，明雄31克，甘草10克，以铁马鞭、蒲公英为引。

中期润肠通便、利水、解毒，方剂用"加减解毒散"：银花、连翘、黄柏、陈皮、茵陈、大戟、茯苓皮、粉葛、泽泻、木通、草蔻、枳壳、石膏、柴胡各31克，滑石70克，火麻仁500克，铁马鞭250克，菜油500克。

后期补中益气、壮阳健脾，方剂用"补中益气汤加减"：党参、黄芪、前仁、五加皮各70克，当归、大枣、玄参、白术、陈皮、淮夕、猪苓、泽泻、杜仲、苍术、山楂、神曲、厚朴各35克，通草10克，桑树尖为引。

104 羊发生蛇咬中毒怎样处理？

羊被毒蛇咬伤，蛇毒通过伤口进入体内引起中毒，主要伤害神经和心血管系统而出现运动和呼吸麻痹。在治疗上分急救处理和急救后处理。

（1）急救处理　当急救咬伤的羊只时，先将羊放在安静凉爽的地方，给伤口的上部绑上带子，肿胀处剪毛，涂以碘酒。行深部乱刺，促使排血。然后用3‰～5‰高锰酸钾进行冷湿敷以防止毒素吸收和促使毒素排出。

（2）急救后处理

① 静脉注射2‰高锰酸钾，每次注射50毫升（注意：注射要缓慢，一般在5～10分钟内注射完毕）。再给咬伤周围局部注射1‰高锰酸钾、2‰漂白粉或双氧水。还可静脉注射5‰～10‰硫代硫酸钠30～50毫升。继续对患部施行冷敷。

② 当有全身症状时，为了支持心脏机能，应该内服或皮下注射咖啡因、或注射葡萄糖氯化钠等渗溶液、或注射复方氯化钠溶液。

③ 遇到呼吸困难而有窒息危险时，应及时施行气管切开术。

④ 如有条件还可注射抗出血性败血病血清或抗炭疽血清，每次静脉注射剂量为 10 毫升，皮下注射剂量为 30 毫升。亦可在肿胀部位的四周进行点状注射，用量为 40～80 毫升。如果在咬伤的当天注射，2～3 天后即可消肿。如在咬伤后第 2 天注射，4～5 天才可消肿。在应用血清的同时，使用强心剂。治疗延迟时，应隔天做重复注射。

⑤ 草药治疗鬼臼（俗称独脚莲）具有特效，可用根部加醋摩擦，涂到咬伤部的四周，每天早晚各涂 1 次，连涂 3 天。

⑥ 上海蛇药、南通蛇药、蛇伤解毒片等对治疗毒蛇咬伤，颇为有效。可按说明书剂量灌服或涂敷在伤口周围。

105 羊发生蜂叮中毒怎样处理？

羊被蜂类蜇伤后以受蜇部位肿胀和疼痛，严重者发生过敏性休克等危害为主。更严重者转为麻痹、血压下降、呼吸困难，呼吸麻痹而死亡。

蜂刺之后，给患部涂搽氨水，然后以 0.25％普鲁卡因溶液在患部周围进行封闭。经过以上处理，轻者经 12～24 小时即可见愈，重者须再重复处理一次。

局部有毒刺残留时，立即拔出毒刺。局部用 2％～3％高锰酸钾溶液洗涤，或用 5％～10％碳酸氢钠或 3％氨水等涂擦患部。有呼吸困难和虚脱表现时，可注射强心剂、10％葡萄糖、复方氯化钠溶液和 10％葡萄糖酸钙。

106 引起羊感光过敏症的原因有哪些？怎样处理？

感光过敏是由于羊的外周循环中有某种光能剂，经日光照射而发生的一种病理状态。本病以羊皮肤的无色素部分发生红斑和皮炎为特征。

【病因】

① 原发性感光过敏。羊摄入外源性光能剂而直接引起，主要

有：金丝桃属，荞麦以开花期为害最烈。其他物质，如野胡萝卜及多年生黑麦草的佩洛灵等均可致病。

② 继发性感光过敏（肝源性感光过敏）。引起这类感光过敏的物质，几乎全部是叶绿胆紫素，它是叶绿素正常代谢的产物。主要有：蒺藜；某些霉菌；某些有毒植物，如黍属牧草、黄花羽扇豆以及猪屎豆等。此外，还有许多尚未确定的原发性或继发性感光过敏物质。如红三叶草、杂三叶草、黄花苜蓿、紫花苜蓿和野豌豆等。

③ 先天性感光过敏。见于体内卟啉生成过多或转化排泄太慢而进入皮肤，引起光敏性皮炎。另外，南丘羊发生的感光过敏与遗传性胆色素排泄障碍有关。

【症状】主要表现为日光能够照射到的无色素皮肤的皮炎，轻症表现充血、肿胀并有痛感、奇痒。严重病例，皮肤显著肿胀，疼痛，形成脓疱，破溃后流出黄色液体，结痂，有时痂下化脓，皮肤坏死。常伴有口炎、结膜炎、鼻炎、阴道炎等症状。病羊食欲废绝，流涎，便秘，有的有黄疸，心律不齐，体温升高。有的出现神经症状：兴奋，战栗，痉挛和麻痹。有的呼吸困难，运动失调，后躯麻痹，双目失明。

【预防】①常发病的地区和季节，应避免在危险草场放牧。已发生感光过敏的畜群，可在夜间或早晚放牧。②羊内服吩噻嗪后的一两天内留于遮光处。③荞麦及其副产品饲喂怀孕后期的母羊及哺乳母羊须特别慎重，以免致羔羊发病。

【治疗】立即停喂致敏饲料，置病畜于荫蔽处。a. 病初可灌服泻剂（油类及中性盐类）。应用抗过敏药物。肌内注射苯海拉明，羊每次40毫克；内服苯茚胺，羊每次50～100毫克；静脉注射葡萄糖酸钙或氯化钙溶液。b. 为防止感染可应用抗生素。给予镇静剂以制止瘙痒。稀盐酸口服，肌内注射维生素C溶液，皮肤患部可用石灰水洗涤，涂10%鱼石脂软膏或石炭酸软膏。亦可用薄荷脑0.2克、氧化锌2克、凡士林2克，制成软膏涂抹。

第七章

羊的外科、创伤性疾病

107 不同原因引起的创伤有哪些处理原则？

羊的体表或深部组织发生损伤，并伴有皮肤、黏膜破损叫创伤。引起创伤的原因有：①机械性损伤，包括开放性损伤和非开放性损伤。②物理性损伤，如烧伤、冻伤、电击及放射性损伤等。③化学性损伤，如化学性热伤及强刺激剂引起的损伤等。④生物性损伤，如各种细菌和毒素等。各种因素引起的创伤均可分为有感染创和无感染创，在临床治疗上也有所不同。

新鲜创面如清洁，不必清洗，可用消毒纱布盖住创面，在创面周围剪毛、消毒后撒布消炎粉、碘仿磺胺粉及其他防腐生肌药；如有出血，应外用止血粉撒布创面，必要时可用安络血、维生素 K 或氯化钙等全身性止血药，并用 3% 双氧水、0.1% 高锰酸钾溶液冲洗创面污物，然后用生理盐水冲洗，擦干，撒布。如创面大、创口深，撒布上述药物后需进行缝合。

化脓性感染创应先扩创排脓，剪掉或切除坏死组织，然后用 3% 过氧化氢、0.1% 高锰酸钾或 0.1% 的新洁尔灭等冲洗创腔。最后用松碘流膏（松馏油 15 克、5% 的碘酒 15 毫升、蓖麻油 500 毫升）纱布条引流。有全身症状时可适当选用抗菌消炎类药，并注意强心解毒。

肉芽创应先清理创围，并用生理盐水冲洗。然后局部选用刺激性小、能促进肉芽组织和上皮生长的药物，如松碘流膏、3% 的龙胆紫等。肉芽组织赘生时，可用硫酸铜腐蚀，也可用烙烧法去除赘生肉芽。

108 缝合羊脐疝需要注意些什么？

脐疝是腹腔脏器经脐孔脱出于皮下。本病常见于羔羊，脱出脏器多为小肠或网膜。它的治疗办法主要采取手术疗法：羊术前禁食1天、禁水半天，手术时将病羊仰卧保定（图7-1），麻醉后切开疝囊，剥离腹膜（不切开腹膜），将腹膜与疝内容物一起还纳腹腔。根据疝孔大小可采取结节缝合（图7-2）

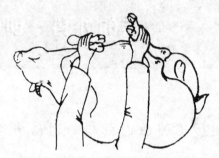

图7-1　仰卧保定

或连续缝合法（图7-3），以闭锁疝轮，最后缝合皮肤。

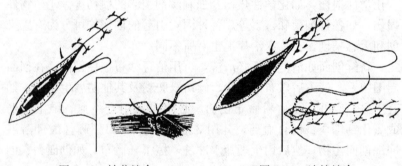

图7-2　结节缝合　　　　　图7-3　连续缝合

109 怎样处理羔羊脐炎？

羔羊脐炎是脐带血管及其周围组织遭受感染所引起的炎症，可分为脐血管炎及坏疽性脐炎。当炎症蔓延时，可引起腹膜炎，特别是化脓菌沿脐血管侵入体内时，易继发败血症及脓毒败血症，有时感染破伤风杆菌而并发破伤风。

脐血管炎初期可于脐孔周围皮下注射青霉素、普鲁卡因溶液，并涂布碘酊。如已化脓，应及时切开排脓。体温升高时，应及时注射抗生素和磺胺类药物。

对坏疽性脐炎必须切除坏死组织，以碘酊处理创口，并向创口内撒布碘仿磺胺粉。为防止并发症，可肌内注射抗生素。

110 如何防治羊的腐蹄病和眼病？

（1）腐蹄病　腐蹄病是一种传染病，其特征是局部组织发炎、坏死。因为侵害蹄部，而称"腐蹄病"。羊患病后生长不良、掉膘、羊毛质量受损，偶尔死亡，造成严重的经济损失。根据该病的发病原因是低湿地带的湿雨季节，细菌（主要有坏死梭形杆菌和羊肢腐蚀螺旋体，其次是化脓棒状杆菌、链球菌、葡萄球菌、大肠杆菌等继发）通过损伤的皮肤侵入机体引起感染的情况，在治疗时首先要想办法消除引起发病的各种因素，如加强蹄部护理，经常修蹄，避免用尖硬多荆棘的饲料，及时处理蹄外伤；注意圈舍卫生，保持清洁干燥，羊群不可过度拥挤；尽量避免或减少在低洼、潮湿的地区放牧等措施。当羊群中发现本病时，应及时进行全群检查，将病羊全部隔离进行治疗。对健羊全部用30%硫酸铜或10%福尔马林进行预防性浴蹄。对圈舍要彻底清扫消毒，铲除表层土壤，换成新土。对粪便、坏死组织及污染褥草进行彻底焚烧处理。如果患病羊只较多，应该倒换放牧场和饮水处；选择高燥牧场，改到沙底河道饮水。停止在污染的牧场放牧，至少经过2个月以后再利用。注射抗腐蹄病疫苗"Clovax"。最初注射2次，间隔5～6周。以后每6个月注射1次。同时加强饲养管理。对死羊或屠宰羊，应先除去坏死组织，然后剥皮，待皮、毛干燥以后方可外运。

【治疗】首先进行隔离，保持环境干燥。然后根据疾病发展情况，采取适当治疗措施。①除去患部坏死组织，到出现干净创面时，可用食醋、4%醋酸、1%高锰酸钾、3%来苏儿水或过氧化氢冲洗，再用10%硫酸铜或6%福尔马林进行浴蹄。如为大批发生，可每天用10%龙胆紫或松馏油涂抹患部。②若脓肿部分未破，应切开排脓，然后用1%高锰酸钾洗涤，再涂搽浓福尔马林，或撒以高锰酸钾粉。③除去坏死组织后，涂以青霉素水剂（每毫升生理盐水含100～200单位）或油乳剂（每毫升油含1000单位）局部涂抹。对于严重的病羊，例如有继发性感染时，在局部用药的同时，应全身用磺胺类药物或抗生素，其中以注射磺胺嘧啶或土霉素效果最好。④在肉芽形成期，可用1∶10土霉素、甘油进行治疗；肉芽过度增生时，可涂用10%卤碱软膏或撒用卤碱粉。为了防止硬物的刺激，可给病蹄包上绷带。⑤中药治疗。可选用桃花散或龙骨散撒布患处。桃花散：陈石灰500克、大黄250克，先将大黄放入锅内，加水一碗，煮沸10分钟，再加入陈石灰，搅匀炒干，除去大黄，其余研为细面撒用。有生肌、散血、消肿、定痛之效。龙骨散：龙骨30克、枯矾30克、乳香24克、乌贼骨15克，共研为细末撒用，有止痛、去毒、生肌之效。

（2）眼病　本病多发生在炎热和湿度较高的夏秋季节，传染很快，多呈地方性流行，发病率可达90%～100%，但病死率很低，多发生在一侧或两侧眼部。病羊流泪，怕光，眼睑肿胀，有脓性分泌物，发病当天可见角膜浑浊，呈灰白色半透明或乳白色不透明，一般先从角膜边缘开始，渐向眼中央发展，最后，可使视力完全丧失。

【治疗】①1%～2%硼酸水冲洗干净。②四环素眼药膏每天早晚各一次，涂于眼中。③青霉素和链霉素各50万单位加蒸馏水10毫升冲洗。

111 如何处理羊骨折？

羊骨折后，如能及时进行治疗，可防止造成不应有的损失，特别是股骨骨折后。

首先要将患部的毛剪净，用5%碘酒消毒，随即将骨折处上下拉直，手整复位。在复位后要先在骨折处敷上下述药物：木瓜、蒲公英各50克，大黄125克，乳香、没药、血竭各25克，研成细末，再用白酒调匀，然后用绷带缠绕4～5层。在绷带外股骨伤口的两侧用长15厘米、宽5厘米的薄竹片（或木板）固定（用细麻绳或尼龙绳分上、中、下三处捆结实，松紧适当）。肌内注射普鲁卡因适量，青霉素 160 万单位（第一次加倍），每天 1 次，连续 3 天。7 天换敷药 1 次，继续固定。要专人看护，喂优质饲料，适当补以含有骨粉及多种维生素的精饲料，防止造成便秘。

从第 3 天起，每天将羊扶起站立 3 次，每次 2～3 分钟，让其采食、饮水。第 5 天起可扶起在栏内做适当运动，第 12 天可以自行站立采食，第 21 天可取下夹板，25 天痊愈。

112 引起母羊乳房炎的细菌主要有哪些？怎样治疗？

乳房炎是母畜乳腺、乳池、乳头局部的炎症；其发病的主要病因是乳房不清洁引起的感染。感染的细菌一般为：山羊主要为链球菌、葡萄球菌、结核杆菌、假结核杆菌，绵羊还有化脓杆菌、大肠杆菌及类巴氏杆菌等。患感冒、结核、口蹄疫、子宫炎等疾病也会引起。

乳房炎的治疗方法可分为局部及全身两种。

（1）局部治疗　①进行冷敷，并用抗生素消炎：初期红、肿、热、痛剧烈的，每天冷敷 2 次，每次 15～20 分钟。冷敷以后，用 0.25％～0.5％普鲁卡因 10 毫升，加青霉素 20 万单位，分为 3～4 个点，直接注入乳腺组织内。②进行乳房冲洗灌注：先挤净坏奶，用消毒生理盐水 50～100 毫升注入乳池，轻轻按摩后挤出，连续冲洗 2～3 次。最后用生理盐水 40～60 毫升溶解青霉素 20 万单位，注入乳池，每天 2～3 次。③出血性乳房炎：禁止按摩，轻轻挤出血奶，用 0.25％～0.5％普鲁卡因 10 毫升溶解青霉素 20 万单位，注入乳房内。如果乳池中积有血凝块，可以通过乳头管注入 1％的盐水 50 毫升，以溶解血凝块。④乳房坏疽：最好进行切除。⑤慢性炎症：用 40～45 ℃热水进行热敷，或用红外线灯照射，每天 2 次，每次 15～20 分钟。然后涂以 10％樟脑软膏。

（2）全身治疗　①为了暂时制止泌乳机能，可行减食法，即减少精饲料给量；少喂多汁饲料，如青贮料、根菜类及青饲料；限制饮水。主要喂给优质干草，如苜蓿、三叶草及其他豆科牧草；因采取减食疗法，故在病羊食欲减退时，不需要设法促进食欲。②体温升高时，可灌服磺胺类药物，用量按每千克体重0.07克计算，4～6小时一次，第一次用量加倍。或者静脉注射磺胺噻唑钠或磺胺嘧啶钠20～30毫升，每天1次。也可以肌内注射青霉素，每次20万～40万单位，每天2～3次。③内服硫酸钠100～120克，促进毒物排出和体温下降。④如果乳房炎很顽固，长时期治疗无效，而怀疑为特种细菌感染时，可采取奶汁样品；进行细菌检查。在病原确定以后，选用适宜的磺胺类药物或抗生素进行治疗。⑤凡由感冒、结核、口蹄疫、子宫炎等病引起的乳房炎，必须同时治疗这些原发病。

113 如何治疗母羊产后无乳及泌乳不足？

无乳及泌乳不足是在泌乳期由于乳腺机能障碍，发生无乳或泌乳停止。

【治疗】如果找不到明确原因，首先应当从改善饲养管理着手，给予多汁和含蛋白质丰富的饲草饲料，中药对促进泌乳量有一定疗效。常用下列处方：

① 当归6克、川芎6克、花粉5克、王不留行9克、穿山甲9克、白芍6克、黄芪9克、通草6克、甘草4克，水煎服，连服3天。

② 虾米50克，加水灌服。

③ 猪蹄2个，水煮后取汤汁灌服。

④ 王不留行加小米煮后饮服。

114 母羊难产或产后胎衣不下怎么办？

难产指分娩过程发生困难，不能将胎儿顺利由阴道排出体外。胎衣不下是胎儿娩出后，母畜排出胎衣的时间超过14小时以上，仍不能排出，即称为胎衣不下。[母畜排出胎衣的正常时间为：绵羊 3.5（2～6）小时，山羊 2.5（1～5）小时]。

处理办法：为了保证母子的安全，对于难产羊必须进行全面检查，及时人工助产术；必要时可采取剖腹产。

（1）助产原则 ①当发现难产时，应及早采取助产措施。助产越早，效果越好。②使母羊呈前低后高或仰卧（有时）姿势，把胎儿推回子宫内进行矫正，以便利操作。③如果胎膜未破，最好不要弄破。因为当胎儿周围有液体时，比较容易产出，但当胎儿的姿势、方向、位置复杂时，就需要将胎膜穿破，及时进行助产。④如果胎膜破裂时间较长，产道变干，需要注入液状石蜡油或其他油类，以利于助产手术的进行。⑤将刀子、钩子等尖锐器械带入产道时，必须用手保护好，以免损伤产道。⑥所有助产动作都不能粗鲁。一般来说，只要不是胎儿过大或母体过度疲乏，仅仅需要将胎儿向内推，矫正反常部分，即可自然产出。如果需要人力拉出，也应缓缓用力，使胎儿的拉出和自然产出一样。因为羊的子宫壁较马、牛薄，如果在矫正或拉出时动作粗鲁，容易造成子宫穿孔或破裂。⑦在矫正之后，如果一个人用一定的力量还不能拉出胎儿，或者胎儿过大、畸形、肿大时，就需考虑施行截胎术或剖腹产术。

（2）助产时间 当母羊开始阵缩超过 4～5 小时及以上，未见羊膜绒膜在阴门外或阴门内破裂（绵羊需要 14 分钟至 2.5 小时，双胎间隔 15 分钟；山羊需要 0.5～4 小时），母羊停止阵缩或阵缩无力时，需迅速进行人工助产，不可拖延时间，以防羔羊死亡。

（3）助产准备 ①助产前询问羊分娩时间、是否初产或经产，看胎膜是否破裂，有无羊水流出，检查全身状况。②保定母羊，一般使羊侧卧，保持安静，让前肢低、后躯稍高，以便于矫正胎位。③对手臂、助产用具进行消毒；对阴户外周，用 5 000 倍新洁尔灭溶液进行清洗。④检查产道有无水肿、损伤、产道表面干燥或湿润状态。⑤确定胎位是否正常，判断胎儿死活。胎儿正产时，手入阴道可摸到胎儿嘴巴、两前肢，两前肢中间夹着胎儿的头部；当胎儿倒生时，手入产道可摸到胎儿尾巴、臀部、后蹄，以手压迫胎儿，如有反应，表示尚存活。

（4）助产方法　常见的难产有头颈侧弯、头颈下弯、前肢腕关节屈曲、胎儿下位、胎儿横向、胎儿过大等，可按不同的异常产位将其矫正，然后将胎儿拉出产道。子宫颈扩张不全或子宫颈闭锁，胎儿不能产出，或骨骼变形，致使骨盆腔狭窄，胎儿不能正常通过产道，在此情况下，可进行剖腹产急救胎儿，保护母羊的安全。皮下注射麦角碱1～2毫升。必须注意，麦角制剂只限于子宫颈完全开张，胎势、胎位及胎向正常时方可使用，否则易引起子宫破裂。当羊怀双羔时，可遇到双羔同时将一肢伸出产道，形成交叉的情况。由此形成难产，应分清情况，辨明关系。可触摸到腕关节确定前肢，触摸跗关节确定后肢。若遇交叉，可将另一只羊的肢体推回腹腔，先整顺一只羔羊的肢体，将其拉出产道；再将另一只羊的肢体整顺推回后拉出。切忌将两只羊的不同肢体误认为同一只羔羊的肢体。

难产的预防措施：对于留作繁殖用的母羊，从小就要加强饲养管理，保证发育良好，体格健壮。怀孕期间，保持母羊体况良好，但不可过肥。为此应该分群饲养管理，供给必需的条件。对于接近预产期的母羊，应再进行分群，多加照管。准备好分娩场所，天气温暖时，可在露天生产，但必须备有羊棚，以防天气突然变化时备用。在大牧场，应备有较大的空气良好的产圈或产棚，除了干燥及排水良好外，还应装置分娩栏。每个分娩栏的大小约为1.5米，可排列成行，将临产羊和产后羊放于栏内，由经验丰富的饲养员护理。清晨和傍晚，母羊分娩较多，应该有专人值班，注意接产。在分娩过程中，要尽量保持环境安静；接产人员不要高声喧哗，也不要让狗在羊群中惊扰。对于分娩的异常现象，要做到尽早发现，及时处理。当发现分娩时间拉长时，即应进行产道检查，根据反常情况进行助产。只要发现及时，母羊还有分娩力量，稍微加以帮助，即容易产出，可以防止发生严重的难产。

胎衣不下的处理办法：胎衣一般在产后14小时内，自行脱落。如果超过14小时，需采取适当措施。先皮下注射催产素2～3单位（注射1～3次，间隔8～12小时）。配合温的生理盐水冲洗子宫。

为了排出子宫中的液体，可以将羊的前肢提起。

手术剥离胎衣：先用消毒液洗净外阴部和胎衣，再用鞣酸酒精溶液冲洗和消毒术者手臂，并涂以消毒软膏，以免将病原菌带入子宫。如果手上有小伤口或擦伤，必须预先涂搽碘酊，贴上胶布；用一只手握住胎衣，另一只手送入橡皮管，将高锰酸钾温溶液（1∶10 000）注入子宫；手伸入子宫，将绒毛膜从母体子叶上剥离下来。剥离时，由近及远。先用中指和拇指捏挤子叶的蒂，然后设法剥离盖在子叶上的胎膜。为了便于剥离，事先可用手指捏挤子叶。剥离时应当小心，因为子叶受到损伤时会引起大出血，并为微生物的进入开放门户，容易造成严重的全身症状。

及时治疗败血症：如果胎衣长久停留，往往会发生严重的产后败血症。其特征是病羊体温升高，食欲消失，反刍停止。脉搏细而快，呼吸快而浅。皮肤冰冷（尤其是耳朵、乳房和角根处）。喜卧下，对周围环境十分淡漠。从阴门流出污褐色恶臭的液体。遇到这种情况时，应该及早进行治疗：肌内注射抗生素：青霉素 40 万单位，每 6～8 小时一次，链霉素 1 克，每 12 小时一次；静脉注射四环素：将四环素 50 万单位，加入 5％葡萄糖注射液 100 毫升中注射，每天 2 次；用 1‰冷食盐水冲洗子宫，排出盐水后给子宫注入青霉素 40 万单位及链霉素 1 克，每天一次，直至痊愈；10％～25％葡萄糖注射液 300 毫升，40％乌洛托品 10 毫升，静脉注射，每天 1～2 次，直至痊愈；结合临床表现，及时进行对症治疗，如给予健胃剂、缓泻剂、强心剂等。

115 母羊发生阴道脱和子宫脱是何原因？如何治疗？

阴道脱或子宫脱是阴道壁或子宫的一部分或全部从阴门内向外脱出。阴道脱常发生于怀孕末期及分娩以后，子宫脱主要发生在产后，山羊比绵羊多见。

【发病原因】①饲养管理不当所引起如全身虚弱、缺乏运动、疲劳过度，以及饲料品质不良或给量不足。②羊只过肥。③胎次较多的母羊。④怀孕末期卧下时，由于腹腔内容物对阴道壁的压力增高。⑤生殖器官受到刺激如难产及胎衣不下等而努责过度。⑥孕羊严重腹泻，子宫脱还因为子宫过度扩张。

【预防】①由于本病主要是因为饲养管理不当而引起，因此在预防时首先应该改善孕羊的饲养，并且每天要保证适当的运动。②在怀孕前1/3时期不可过于肥胖。③羊舍地面的倾斜度不宜太大。④在怀孕的后1/3的期间，不可用大车或汽车运输孕羊。

【治疗】①脱出不大时，不需要治疗。但在发生污染和创伤时，应用2％明矾溶液冲洗。为了防止反复脱出，必须使羊的后躯站高；为此可将羊拴在狭窄的羊栏内，绳子拴短，限制其活动，然后放一块向前倾斜的木板，或者给后躯多垫些褥草。②在完全脱出时，应立即进行整复。整复的方法与步骤是：先用温开水清洗脱出部分及其周围，然后用2％的明矾水洗涤，让血管及组织收缩变小；使羊后部站高，或者将羊放倒，后躯垫高，然后进行整复。整复时应当用手指将脱出部分推向前上方，逐渐推入骨盆腔内；如果因山羊努责而妨碍操作时，应给羊内服白酒200毫升左右，使之镇静；在完全推入骨盆腔以后，将手指伸入阴道，展平阴道黏膜上的皱襞。为了减轻刺激和促进组织收缩，可用3％的明矾溶液灌入阴道。为了防止重复脱出，在整复后应当缝合阴门。缝合之前必须消毒术区。不要缝得过紧，但必须让缝线穿过组织深部，以免撕裂阴唇。山羊比较敏感，努责较强，因此应该多缝几针。除了在阴门下角留一小孔以便排尿外，将其余部分尽量缝合起来。在临分娩之前抽掉缝线，以免在母羊努责时扯破阴门组织。

116 如何治疗母羊子宫内膜炎？

子宫炎是常见的母羊生殖器官疾病，属于子宫黏膜的炎症。在绵羊，有时由于某种病原微生物传染而发生，可能成为显著的流行病，是导致母羊不孕的原因之一。

【治疗】严格隔离病羊，不可与分娩的羊同群喂养；加强护理，保持羊舍的温暖清洁，饲喂富于营养而带有轻泻性的饲料，经常供给清水；抓紧治疗急性子宫内膜炎，全身注射青霉素或链霉素，防止转为慢性；进行子宫冲洗及灌注，用 100～200 毫升 0.1% 高锰酸钾、1%～2% 小苏打、1% 的盐水冲洗子宫，每天 1 次或隔天 1 次。在子宫内有较多分泌物时，盐水浓度可提高到 3%。促进炎性产物的排出，防止吸收中毒，并可刺激子宫内膜产生前列腺素，有利于子宫机能的恢复。如果子宫颈口关闭很紧，不能冲洗，可给子宫颈涂以 2% 碘酒，使其松弛。冲洗后灌注青霉素 40 万单位。子宫内给予抗菌药：由于子宫内膜炎的病原菌非常复杂，且多为混合感染，宜选用抗菌范围广的药物，如四环素、庆大霉素、卡那霉素、金霉素等。可将抗菌药物 0.5～1 克用少量生理盐水溶解，做成溶液或混悬液，用导管注入子宫，每天 2 次。激素疗法：可用 PGP_2 类似物，促进炎症产物的排出和子宫功能的恢复。在子宫内有积液时，可注射雌二醇 2～4 毫克，4～6 小时后注射催产素 10～20 单位，促进炎症产物排出。配合应用抗生素治疗，可收到较好的疗效。

117 如何治疗母羊生产瘫痪？新生羔羊窒息如何急救？

（1）生产瘫痪 又称乳热病或低钙血症，为急性而严重的神经疾病。其特征为咽、舌、肠道和四肢发生瘫痪，失去知觉。山羊和绵羊均可患病，但以山羊比较多见。尤其某些 2～4 胎的高产奶山羊，几乎每次分娩以后都重复发病。此病主要见于成年母羊发生于产前或产后数日内，偶尔见于怀孕的其他时期。

【治疗】

① 补钙疗法。静脉或肌内注射 10% 葡萄糖酸钙 50～100 毫升，或者应用下列处方：5% 氯化钙 60～80 毫升，10% 葡萄糖 120～140 毫升，10% 安钠咖 5 毫升混合，一次静脉注射。

② 采用乳房送风法。使羊稍呈仰卧姿势，挤出少量乳汁，用酒精棉球擦净乳头，尤其是乳头孔。然后将煮沸消毒过的导管插入乳头中，通过导管打入空气，直到乳房中充满空气为止。用手指叩

击乳房皮肤时有鼓响音者，为充满空气的标志。在乳房的两半中都要注入空气；为了避免送入的空气外逸，在取出导管时，应用手指捏紧乳头，并用纱布绷带轻轻扎住每一个乳头的基部。经过25～30分钟将绷带取掉。将空气注入乳房各叶以后小心按摩乳房数分钟。然后使羊四肢蜷曲伏卧，并用草束摩擦臀部、腰部和胸部，最后盖上麻袋或布块保温。注入空气以后，可根据情况考虑注射50%葡萄糖溶液100毫升。如果注入空气后6小时情况并不改善，应再重复做乳房送风。

③ 其他疗法。a. 补磷：当补钙后，病羊机敏活泼，欲起不能时，多伴有严重的低磷血症。此时可应用20%的磷酸二氢钠溶液100毫升，一次静脉注射。b. 补糖：随着钙的供给，血液中胰岛素的含量很快提高而使血糖降低，有时可引起低血糖症，故补钙的同时应当补糖。

④ 针灸疗法。可火针风门、百会、中博、大跨、掠草。

（2）新生羔羊窒息　指羔羊刚出生后，呼吸发生障碍或完全停止，而心脏还在跳动。

【急救办法】清理呼吸道，速将其倒提或高抬后躯，用纱布和毛巾揩尽口鼻内的黏液，再以细胶管将口鼻喉中黏液吸出，使呼吸道畅通。之后立即做人工呼吸。方法有三：①有节律地按压羔羊腹部。②从两侧捏住季肋部，交替扩张和压迫胸壁，同时在扩张胸壁时将舌拉出口外，压迫胸壁时将舌送回口内。③握住两个前肢，前后拉动以交替扩展和压迫胸壁。呼吸恢复后容易在短时间内又停止，故应多坚持一会儿。

除了人工呼吸，还可用其他办法刺激：倒提羔羊抖动、甩动或拍击颈部及臀部，冷水突然喷击羔羊头部；以浸有氨溶液的棉球放于羔羊鼻孔旁边；将头部以下部分浸泡于45℃左右温水中，徐徐从鼻孔吹入冷气；针刺人中、蹄头、耳尖、尾根等穴位，都有刺激呼吸反射而诱发呼吸的作用。

使用药物：可选用尼可刹米、山梗菜碱、肾上腺素、咖啡因等药物，最好经脐血管注射。

118 引起母羊非传染性流产和不孕症的原因有哪些？

流产又称怀孕中断。母羊怀孕以后，如果发生胚胎被吸收，或者从生殖器官排出死亡的（死胎）或未足月的胎儿，都称为流产。引起的原因有两类：一类是由于传染性原因所引起，如布鲁氏菌病、沙门氏菌病、胎儿弯曲菌病和边界病等。另一类是由非传染性原因所引起，如子宫瘢痕及子宫与腹膜粘连，胎盘出血或脐带捻转，胎儿畸形等；母体生理异常，如母体营养不足，长时间绝食或长期饥饿；疾病如下痢及化学性中毒等；由于日常饲养管理不当而引起，如羊滑跌、受其他羊只抵撞或羊腹部受到踢打，以及羊只经过狭窄的通路而使腹部受到强度挤压等；吃发霉或冰冻饲料，饮用冷水；药物作用如在治疗发热性疾病时，给予地塞米松，亦可引起流产。

母羊长期或暂时不能怀孕我们称之为不孕症。母羊不孕的原因是复杂的，受多种因素的影响。通常是由于母羊生殖器官及全身疾病、饲养管理不合理以及配种不当所引起。当母羊发生不孕时，必须周密地进行检查和了解，找出原因，采取相应的措施。

（1）生殖器发育异常 由于遗传及其他原因造成母羊生殖器官畸形，如阴道闭锁、尿道瓣发育过度、缺乏子宫颈、双子宫颈、子宫发育不全、输卵管不通、两性畸形（母羊具有两性生殖器官，外观上会阴较短、阴门狭小、阴蒂特别发达似龟头）等。生殖器官畸形的羊只，一般没有治疗价值，一经确诊，应育肥宰杀。

（2）生殖器官炎症 由于细菌、病毒感染造成生殖器官炎症，在羊的不孕中占有较大的比例，其防治方法参看阴道炎、子宫炎等各节。

（3）饲养管理不当引起的不孕 饲养管理不当是母羊不孕症中最为常见的原因。①饲料不足、品种单纯或品质不良。长期的饲料不足或饲料品质不良，会使母羊机体瘦弱，其生殖机能减退或受到破坏，从而造成不孕。长期饲喂某种单一饲料，造成营养不平衡，即使母羊膘情良好，也可发生不孕。营养不良、体质瘦弱时，母羊生长发育受阻，造成生殖系统发育幼稚，丧失正常机能，病羊在到达性成熟年龄之后，仍无发情表现。产后母羊可长期休情，或发情表现微弱，性周期紊乱，发情而不排卵。当维生素A缺乏时，子宫黏膜发生上皮变性及卵细胞变性；B族维生素缺乏时，性腺变性，发情周期不规律；维生素E缺乏时，可引起早期胚胎死亡和被吸收。②精饲料过多，能量过剩，母羊肥胖，引起卵巢发生脂肪变性浸润，致使卵巢机能减退，长期不发情、发情微弱或发情而不排卵。③管理不当。母羊长期在潮湿、寒冷的圈舍内，缺乏经常性运动。外界气温突然改变，光照不足，突然改变母羊生活、环境条件等，可使母羊机体的新陈代谢机能降低，而影响母羊的生殖机能。

119 如何治疗羊不同关节损伤？

关节扭挫、扭伤和挫伤多是关节韧带、关节囊和关节周围组织的非开放性损伤。多发生于肩关节、腕关节、膝关节和髋关节。

其治疗是于伤后1～2天内，包扎压迫绷带，或冷敷，必要时可注射止血药，如10%的氯化钙、凝血素、维生素K_1等。

急性炎症缓和后，应用热敷疗法，如温敷、石蜡疗法、温蹄浴40～50℃温水，每天2次，每次1～2小时，能使溢出较快吸收。如关节腔内积聚多量血液不能吸收时，可进行关节腔穿刺，排出腔内血液，缠以压迫绷带，但须严格消毒，以防感染。可肌内注射安乃近、安痛定；患部涂擦用醋调制的复方醋酸铅散或速效跌打膏；也可在患部涂擦轻度皮肤刺激剂，10%樟脑酒精或碘酊樟脑酒精合剂（10%樟脑酒精80毫升，5%碘酊20毫升）；为了加速炎性渗出物的吸收，可适当进行缓慢的运动。对重度扭挫有韧带、关节囊断裂或关节内骨折可疑时，应装石膏绷带。

炎症转为慢性时，可用碘樟脑合剂（碘片20克、95%的酒精100毫升、乙醚60毫升、精制樟脑20克、薄荷脑20克、蓖麻油

25 毫升），涂擦患部 5～10 分钟，每天 1 次，连用 5 ～7 天；也可外敷扭伤散，内服跛行散。

120 如何治疗羊结膜炎？

【症状】结膜炎是指眼结膜受到外界刺激和感染而引起的炎症，又称接触传染性眼炎，是绵羊和山羊的一种常见病，夏季多发。病的特征是结膜充血、发炎、流泪及分泌物增多。

【治疗】①除去病因。设法将病因除去。若是征候性结膜炎，则应以治疗原发病为主。若环境不良，应设法改善环境。②遮断光线。将患羊放在暗舍内或装眼绷带。当分泌物量多时，以不装眼绷带为宜。③一般而言，滴用抗生素眼药水，每天应用2～3次，具有良好疗效。亦可采用抗生素眼膏，如氯胺苯醇眼膏或邻氯青霉素眼膏。有些病例不经治疗可以自愈。当眼分泌物多而浓稠时，可用生理盐水或2％～3％的硼酸水进行冲洗，然后应用眼膏或眼药水。④对症治疗。急性卡他性结膜炎：充血显著时，初期冷敷；分泌物变为黏液时，改为温敷，再用 0.5％～1％硝酸银溶液点眼（每天1～2 次）。用药后经 10 分钟，用生理盐水冲洗，防止过剩的硝酸银分解和预防银沉着。若分泌物减少趋于收缩时，可用收敛药，如0.5％～1％硫酸锌溶液（每天2～3 次）。疼痛明显时，可用1％～3％的普鲁卡因溶液点眼。转为慢性时可用 0.2％～2％的硫酸锌溶液点眼。慢性结膜炎的治疗以刺激温敷为主。局部可用较浓的硫酸锌或硝酸银溶液，轻擦上下眼睑，擦后立即用硼酸水冲洗，然后再进行温敷。中药：川连 1.5 克、枯矾 6 克、防风 9 克，煎后过滤，洗眼效果良好。病毒性结膜炎时，可用 5％的磺乙酰胺钠眼膏涂布眼内，同时补充维生素 A，可以加大眼睛的治愈率。

第八章

一些疾病的鉴别诊断

121 引起羊以天然孔出血症状为主的疾病有哪些？

引起羊天然孔出血的疾病主要有炭疽和绵羊巴氏杆菌病两个，其区别见表 8-1。

表 8-1　以天然孔出血为主的羊病

病名	病因病原	主要特点	防治
炭疽	炭疽杆菌	最急性型：突然倒地，抽搐，呼吸困难，黏膜发紫，口、鼻、肛门等天然孔流出黑色煤焦油状血液，几分钟内死亡；急性经过者，病羊兴奋不安，行走摇摆，心悸亢进，呼吸加快，黏膜发绀，后期全身痉挛，天然孔出血，数小时即可死亡；死后表现血凝不良，尸僵不全，可视黏膜发绀或点状出血	预防：Ⅱ号炭疽芽孢苗，每只羊 1 毫升，皮下注射 治疗：注射抗炭疽血清，每只羊 50～100 毫升；青霉素或土霉素，每千克体重 1 万～2 万单位，肌内注射，每天 2 次
绵羊巴氏杆菌病	巴氏杆菌	多发于幼龄羊和羔羊；最急性病羊，突然发病，寒战、虚弱、呼吸困难，数小时内死亡；急性病羊体温升高（41～42℃），咳嗽，鼻孔常有出血，初便秘后腹泻，拉血水便，2～5 天后虚脱死亡；皮下小点出血，出血性纤维素性肺炎，胃肠道出血性炎症，脾脏不肿大	治疗：每千克体重用氟苯尼考 20～30 毫克或庆大霉素 1 000～1 500 单位，或 20％磺胺嘧啶钠 5～10 毫升，肌内注射，每天 2 次；必要时，用高免血清或菌苗做紧急免疫接种

122 引起羊以腹泻症状为主的疾病有哪些?

引起羊腹泻症状的疾病主要有胃肠炎、羊副结核病、绵羊巴氏杆菌病、肝片吸虫病、绦虫病、羊消化道线虫、羔羊大肠杆菌病、羔羊痢疾、蓖麻中毒等,其区别见表 8-2。

表 8-2 以腹泻症状为主的羊病

病名	病因病原	主要特点	防治
胃肠炎	饲喂不当前胃疾病	腹泻为本病的主要症状,粪便稀如猪粪,混有精饲料颗粒,随后拉稀严重时,粪便中混有血液、假膜、脓液,气味恶臭;病羊食欲废绝口干发臭,舌苔黄白,反刍停止,体温升高;后期腹痛不安,呻吟,喜欢卧地	治疗:每千克体重氟苯尼考 10~20 毫克,肌内注射,每天 2 次;复方氯化钠注射液 500 毫升、糖盐水 300~500 毫升、10%安钠咖 5~10 毫升、维生素 C 100 毫克,混合后静脉注射
羊副结核病	副结核分枝杆菌	病羊反复腹泻,稀便呈卵黄色、黑褐色,带有腥臭味或恶臭味,并有气泡;初为间歇性腹泻,后变为经常而顽固性腹泻,后期呈喷射状排粪,颜面及下颌部水肿、消瘦、衰竭而死	预防:对健康羊群应每年一次皮内变态反应检查,及时淘汰扑杀阳性羊 治疗:尚无有效的药物治疗措施,链霉素治疗有一定疗效
绵羊巴氏杆菌病	巴氏杆菌	见以天然孔出血为主的羊病	见以天然孔出血为主的羊病
肝片吸虫病	肝片吸虫	急性型病羊初期发热,衰弱,易疲劳,离群落后;叩诊肝区半浊音区扩大,压痛明显;很快出现贫血黏膜苍白、红细胞及血红素显著降低;严重者多在几天内死亡。慢性型病羊表现消瘦,贫血,食欲不振,异嗜,被毛易脱落,步行缓慢,眼睑、颌下、胸下、腹下水肿,便秘与下痢交替发生;肝脏肿大	防治:定期驱虫,每年 1~2 次;每千克体重硫双二氯酚 100 毫克,一次内服;每千克体重硝氯酚 4~6 毫克,一次口服;每千克体重抗蠕敏 20 毫克,口服;每千克体重克洛素隆 2 毫克,口服;每千克体重伊维菌素 0.2 毫克,一次皮下注射,有效率达 100%

（续）

病名	病因病原	主要特点	防治
绦虫病	莫尼茨绦虫	病羊表现贫血，水肿，消瘦，精神不振，食欲减退，饮欲增加；常伴发腹泻，粪中混有乳白色的孕卵节片；被毛粗乱无光，喜躺卧，起立困难，后期仰头倒地，常做咀嚼运动，口周围有泡沫	防治：每千克体重阿苯达唑10～16毫克，口服；每千克体重氯硝柳胺100毫克，配成10%水悬液，口服；每千克体重吡喹酮5～10毫克，一次内服，羊放牧后30天第一次驱虫，10～15天后进行第二次驱虫
羊消化道线虫	消化道线虫	消化紊乱，胃肠道发炎，拉稀消瘦；眼结膜苍白，贫血；严重病例下颌间隙水肿，羊发育受阻；少数羊体温升高，呼吸、脉搏频数及心音减弱，最终衰竭死亡	预防：定期驱虫，每年2次 治疗：每千克体重阿苯达唑5～20毫克，口服；每千克体重左旋咪唑50毫克，混入饲料喂给；每千克体重阿维菌素0.2毫克，一次皮下注射
羔羊大肠杆菌病	大肠杆菌	2～8日龄新生羔羊发病多为下痢型，病初体温升高，出现腹泻后体温下降，粪便呈半液体状、带气泡混有血液；羔羊虚弱，严重脱水站立不稳，2天内死亡；2～6周龄的羔羊发病多呈败血型，多于发病后4～12小时死亡	防治：大肠杆菌对土霉素、氟苯尼考、新霉素、磺胺类药物都有敏感性。每千克体重氟苯尼考20～30毫克肌内注射，每天注射2次，连用3～5天；先锋Ⅴ号，肌内注射，每天2次，每次0.5～1.0克，连用3～5天；胃蛋白酶0.2～0.3克，心衰时皮下注射10%安钠咖0.5～1毫升；脱水时，静脉注射5%葡萄糖生理盐水20～100毫升
羔羊痢疾	B型魏氏梭菌	主要发生于1～4日内新生羔羊发热（40℃），腹痛，拉黄绿、黄白色稀便或暗红色、恶臭、粥状粪便，磨牙、咩叫，有的表现腹胀，不下痢或排少量血便，四肢瘫软，呼吸急促，口流白沫，最后昏迷、死亡。剖检真胃黏膜出血、水肿，肠（尤其空肠）内全为血水，黏膜红，并有黄色坏死区和条状出血	预防：每年一次预防接种（用五联苗），产前2～3周再接种一次 治疗：土霉素0.2～0.3克。胃蛋白酶0.2～0.3克，加水灌服；磺胺脒2.5克、碱式硝酸铋6克，加水100毫升混合，每只羔羊4～5毫升，每天2次
蓖麻中毒	蓖麻	见以流产为主要症状的羊病	见以流产为主要症状的羊病

123 引起羊以突然死亡为特征的疾病有哪些？

引起羊以突然死亡为特征的疾病主要有羊快疫、羊肠毒血症、羊猝狙、羊黑疫、炭疽等，其区别见表8-3。

表8-3 以突然死亡为特征的羊病

病名	病因病原	主要特点	防治
羊快疫	腐败梭菌	6～18月龄羊最敏感；突然发病，迅速死亡；病羊不食、磨牙、呼吸困难、昏迷，有的兴奋不安、腹部膨胀，有疝痛症状；鼻孔流出血样带泡沫的液体，真胃及十二指肠黏膜红肿、弥漫性出血或散在出血点	预防：定期注射羊厌氧菌病三联苗或五联苗，每只2毫升，皮下注射 治疗：因发病太急，治疗无意义，若病程稍长可用青霉素和磺胺类药物治疗
羊肠毒血症	D型魏氏梭菌	多发于春末夏初或秋末冬初；病羊发病突然，肚胀腹痛，常离群呆立，濒死前腹泻，粪便呈黄褐色水样；全身肌肉颤抖、四肢划动、眼球转动、磨牙，头颈向后弯曲；口流白沫，昏迷而死亡，病程2～4小时；小肠黏膜充血、出血，严重时全段小肠呈红色，病羊肾软化如泥触压即朽烂（软肾病）	预防：定期注射三联苗（羊快疫、猝狙、肠毒血症），发病羊群应紧急注射，发病季节服土霉素、磺胺类药预防 治疗：病程较长时可用青霉素肌内注射，每只羊80万～160万单位，每天2次；每千克体重磺胺脒0.15～0.25克，首次加倍每天1次，同时50～100克硫酸钠投服
羊猝狙	C型魏氏梭菌	表现急性毒血症，突发，数小时即死亡，死后见真胃和肠道（空肠、十二指肠）严重充血、出血、水肿、溃疡或糜烂，死后几小时肌肉间出血，有气泡	防治：同羊肠毒血症

（续）

病名	病因病原	主要特点	防　治
羊黑疫	B型诺维氏梭菌	2～4岁绵羊最多发，突然发病，急性死亡，病程2～3小时；病程稍长者表现不食、不反刍，站立不动，行动不稳，呼吸困难，眼结膜充血，口流白沫，腹痛，体温41.5℃；皮肤、皮下瘀血，皮色发黑，肛门流出少量血样液，肝半煮熟样，表面和切面有淡黄色不正圆形坏死灶，脾脏肿大，紫黑色	防治：来不及治疗，紧急接种羊快疫和羊黑疫二联苗，肌内注射，每只3毫升，可控制疫情，驱除肝蛭，每年用五联苗免疫一次
炭疽	炭疽杆菌	见以天然孔出血为主的病	见以天然孔出血为主的病

124 引起羊以流产为主要症状的疾病有哪些？

引起羊以流产为主要症状的疾病主要有羊布鲁氏菌病、羊衣原体病、羊沙门氏菌病、羊李氏杆菌病、山羊传染性胸膜肺炎等传染性疾病和饲养管理不当、蓖麻中毒等病，其区别见表8-4。

表8-4　以流产为主的羊病

病名	病因病原	主要特点	防　治
羊布鲁氏菌病	布鲁氏菌	主要表现流产，多发生于怀孕后第3～4个月；流产前，发热、卧地，不喜吃草料，喜喝水，阴户发红，流出黄红色液体；流产母羊常发生乳房炎、关节炎和水肿，表现跛行；胎衣部分或全部呈黄色胶样浸润，部分覆有纤维蛋白和脓液，增厚，有出血点；流产胎儿呈败血症变化；公羊睾丸肿大	预防：定期检疫，及时淘汰阳性反应羊，用羊型5号弱毒苗免疫接种。治疗：无治疗价值，一般不予治疗

（续）

病名	病因病原	主要特点	防　治
羊衣原体病	鹦鹉热衣原体	胎羔多于正产前2~3周突然被排出，产羔前几天食欲较差，阴道有微量分泌物，胎羔发育良好，产下时多存活，但身体屠弱，于产后头几天内死亡；胎衣同时被排出，母羊多耐过流产而不受多大伤害	防治：接种羊衣原体性流产疫苗，多于配种之前接种或配种后60天之内接种；土霉素对感染衣原体羊具有很好疗效，对感染羊长期注射长效土霉素制剂，可使怀孕母羊正常分娩
羊沙门氏菌病	沙门氏菌	绵羊流产多见于妊娠的最后2个月，病羊体温升至40~41℃，厌食，精神沉郁，部分羊有腹泻，病羊产下的活羔，表现屠弱、委顿卧地、腹泻，1~7天内死亡，羔羊副伤寒多见于15~30日龄羔羊，体温升高达40~41℃，食欲减退，腹泻，排黏性带血稀粪，有恶臭，精神委顿，虚弱，低头，拱背，1~5天死亡	防治：首选药为氟苯尼考，其次是土霉素和新霉素。羔羊每千克体重氟苯尼考，每天20~30毫克，分3次内服；成年羊每次每千克体重10~20毫克，肌内注射
羊李氏杆菌病	羊李氏杆菌	见以神经症状为主的羊病	见以神经症状为主的羊病
山羊传染性胸膜肺炎	丝状支原体	见以呼吸道症状为主的羊病	见以呼吸道症状为主的羊病
流产	饲养管理不当	草少，质差，缺乏维生素A、维生素D、维生素E，采食霜冻草、露水草、发霉草，饮冷水、雪水过多，驱赶过急，长途运输，寒冷刺激，拥挤，互撞，跌碰砸打均可引起流产；突然发生流产，产前无特征表现；发病缓慢者，食欲停止，腹痛起卧，努责呻叫，阴户流出羊水，胎儿排出后稍安静；外伤可使羊发生隐性流产，胎儿不排出体外，自行溶解，形成胎骨残留子宫	防治：加强饲养管理，依流产原因，采取有效防治保健措施，对有流产先兆的母羊，可用黄体酮注射液15~20毫克（含15毫克），一次肌内注射；死胎滞留时应引产，使子宫颈开张，拉出胎儿

（续）

病名	病因病原	主要特点	防　治
蓖麻中毒	采食蓖麻	羊采食蓖麻4～8小时后出现症状，心跳、呼吸加快，食欲和反刍废绝，下痢，粪便有恶臭味，并混有血液及伪膜，尿少或无尿；妊娠母羊流产	防治：严禁采食蓖麻，尤其生蓖麻；无特效疗法，可对症治疗，内服液状石蜡缓泻；静脉注射5%～10%葡萄糖液

125 引起羊以神经症状为主的疾病有哪些？

引起羊以神经症状为主的疾病主要有破伤风、李氏杆菌病、脑多头蚴病、羊鼻蝇蛆病、酮尿病、有机磷中毒等病，其区别见表8-5。

表8-5　以神经症状为主的羊病

病名	病因病原	主要特点	防　治
破伤风	破伤风梭菌	初起立、卧下不自由，而后全身肌肉僵硬，运步困难，鼻孔开张眼球凹陷，瞳孔散大，最后角弓反张，牙关紧闭，流涎，尾直；由于骨骼肌痉挛，致使羊倒地，表现呼吸困难，多因窒息而死	防治：有外伤时，用碘酊消毒，防感染；对已感染羊将病羊置较暗且安静处用青霉素80万～120万单位，肌内注射，每天2～3次；肌内注射破伤风抗毒素，每次1万单位，每天1次，连用2～3天
羊李氏杆菌病	单核细胞李氏杆菌	本病多散发，死亡率高，病羊精神沉郁，短期发热，食欲减退，多数表现脑炎症状，如转圈、倒地、四肢作游泳姿势、颈项强直、角弓反张、颜面神经麻痹、昏迷等；孕羊出现流产	防治：用20%磺胺嘧啶钠5～10毫升，氨苄青霉素每千克体重1万～1.5万单位；庆大霉素，每千克体重1000～1500单位，肌内注射，每天2次

（续）

病名	病因 病原	主要特点	防治
脑多头蚴病	多头蚴	病羊表现急性脑膜脑炎症状，轻者消瘦。食欲减退，行动迟缓，运动失调；重者精神高度沉郁，步态蹒跚，头颈弯向一侧或转圈；有些羊向前直跑，直至头顶墙，头向后仰（囊虫寄生在脑前部）；有些向后退（在脑室）；颅骨变薄、变软（位于大脑皮层）	防治：定期给羊驱虫，丙硫苯咪唑每千克体重 30 毫克，每天一次灌服，3 天为一个疗程；手术取出病羊脑中虫体；吡喹酮每千克体重 50 毫克，病羊连用 5 天
羊鼻蝇蛆病	羊鼻蝇的幼虫	病羊表现不安，影响采食和休息，幼虫寄生于鼻腔，引起鼻炎，可从鼻孔流出大量黏液、脓液、鼻痒、摩擦、摇头，呼吸不畅，打喷嚏，消瘦；有时幼虫进入颅腔，损伤脑膜，出现摇头、歪头、运动失调、旋转等症状	防治：用 1％敌敌畏软膏，在成蝇飞翔季节涂擦羊的鼻孔周围，每 5 天 1 次；给病羊鼻腔喷射 3％来苏儿溶液或 1％敌百虫水溶液，每侧鼻腔 20～30 毫升，敌百虫每千克体重 0.1 克，内服
酮尿病	营养不足	多发于羊妊娠后期，以酮尿为主要症状，呼出气及尿中有丙酮气味；初病羊掉群，视力减退，呆立不动驱赶时，步态摇晃，后期意识紊乱，不听呼唤，视力消失；头部肌肉痉挛，耳、唇震颤，空嚼，口流泡沫头后仰，或偏向一侧，或转圈运动，病羊食欲下降，黏膜苍白或黄染，体温正常或低于正常	防治：适当补饲；25％葡萄糖液 50～100 毫升，静脉注射；饲喂醋酸钠每只每天 11 克，连用 5 天
有机磷中毒	有机磷制剂	羊接触、吸入或采食过有机磷制剂，病羊表现精神沉郁，流涎呕吐，疝痛腹泻，多汗，大小便失禁；全身或局部肌肉震颤，抽搐，眼球斜视，瞳孔缩小，呼吸困难，心跳加快，最终因呼吸中枢麻痹而死亡	预防：不到喷洒过农药的地方放牧 治疗：肌内注射 1％硫酸阿托品 2～3 毫升，病情严重时，每小时 1 次；静脉滴注含每千克体重 20～50 毫克解磷定的 5％葡萄糖溶液100～300 毫升

126 引起羊以呼吸道症状为主的疾病有哪些？

引起羊以呼吸道症状为主的疾病主要有羊传染性胸膜肺炎、蓝舌病、绵羊肺腺瘤、羊巴氏杆菌病、炭疽、羊肺线虫、棘球蚴、羊鼻蝇蛆病、肺炎、感冒、氢氰酸中毒、有机磷中毒等病，其区别见表8-6。

表8-6　以呼吸道症状为主的羊病

病名	病因病原	主要特点	防　治
羊传染性胸膜肺炎	丝状支原体	病羊高热稽留，食欲减退；呼吸困难，咳嗽，流浆液性鼻液，严重时张口呼吸；常见吞咽动作或低声呻吟，眼睑浮肿流泪，且附黏液性分泌物，胸部听诊有胸膜摩擦音；肺、胸膜发炎，并粘连，孕羊死亡率较高	预防：定期注射羊传染性胸膜肺炎氢氧化铝菌苗。治疗：新胂凡纳明静脉注射，成羊每次0.3～0.5克，幼羊每次0.1～0.3克，磺胺嘧啶钠每千克体重0.2～0.4克，以4%溶液皮下注射，每天1次
蓝舌病	蓝舌病毒	主要发生于绵羊；病羊高热（40℃以上）稽留，沉郁、厌食；双唇及面部水肿，口腔黏膜充血、发绀，呈青紫色，严重时糜烂，致使吞咽困难，口臭；流鼻涕，并结痂于鼻孔四周，引起呼吸困难，鼻黏膜和鼻镜糜烂、出血，部分病羊便秘或腹泻，乳房、蹄冠发炎、溃烂呈跛行，并发肺炎和胃肠炎而死亡	预防：用同型病毒疫苗接种治疗：无特效药，以对症治疗为主，口腔用清水、食醋或0.1%高锰酸钾液冲洗；再用1%～3%硫酸铜、1%～2%明矾或碘甘油，涂糜烂面；蹄部先用3%来苏儿水清洗，再用甘油、凡士林（1∶1）、碘甘油或土霉素软膏涂拭，以绷带包扎
绵羊肺腺瘤	绵羊肺腺瘤病毒	多发于3～5岁的绵羊；病羊突然出现呼吸困难。病情随剧烈运动而呼吸加快，而后呼吸快而浅表，吸气时常见头颈伸直、鼻孔扩张；病羊常有湿性咳嗽，有时出现鼻塞音，低头时分泌物自鼻孔流出；肺脏上有大小不等的腺瘤；听诊和叩诊可听到湿啰音和肺实变区	防治：严格检疫，发现病羊应全群淘汰；无特效疗法，也无特异性预防免疫制剂

（续）

病名	病因病原	主要特点	防　治
绵羊巴氏杆菌病	巴氏杆菌	见以天然孔出血为主的病	见以天然孔出血为主的病
炭疽	炭疽杆菌	见以天然孔出血为主的病	见以天然孔出血为主的病
羊肺线虫病	线虫	羊群受感染时，首先个别羊干咳，继而成群咳嗽，运动和夜间更明显此时呼吸声明显粗重，如拉风箱，在频繁而痛苦的咳嗽时，常咳出含成幼虫及虫卵的黏液团；咳嗽时伴发哕音及呼吸促迫，鼻孔排出黏稠分泌物，干涸后形成鼻痂，使呼吸更困难，病羊常打喷嚏；逐渐消瘦、贫血，头、胸、四肢水肿	预防：每年春、秋各驱虫一次。治疗：阿苯达唑每千克体重5～15毫克，口服；驱虫净（四咪唑）每千克体重7.5～25毫克，配成1%水溶液内服；阿维菌素：皮下注射，每千克体重0.2毫克
棘球蚴病	棘球蚴	病羊被毛逆立、脱毛，育肥不良，消瘦；肺部感染时咳嗽，咳后卧地不愿起立；肝脏和肺脏表面有数量不等的棘球蚴囊泡突起，实质中有棘球蚴包囊	预防：每季度一次对羊驱绦虫，吡喹酮每千克体重5～10毫克，口服，服药后，应将其粪便烧毁治疗：病羊无有效疗法
羊鼻蝇蛆病	羊鼻蝇幼虫	见以神经症状为主的羊病	见以神经症状为主的羊病
肺炎	寒冷或吸入异物	病羊表现为精神迟钝，体温升高1.5～2℃，呼吸急迫，鼻孔张大，咳嗽，鼻孔流出灰白色黏液或脓性鼻液，支气管啰音	防治：加强饲养管理；青霉素80万～100万单位，链霉素100万单位，肌内注射，每天2～3次；10%磺胺嘧啶钠20～30毫升，肌内注射每天2次，连用3～5天
感冒	风寒或风热	精神不振，低头耷耳，结膜潮红，皮温不均，耳尖、鼻端发凉，体温升高达40℃以上；鼻塞不通，初流清鼻涕，后鼻涕变黏，咳嗽，呼吸加快，听诊肺泡音粗；食欲减退，反刍减少	防治：同肺炎

（续）

病名	病因病原	主要特点	防　治
氢氰酸中毒	高粱或玉米幼苗烂白菜叶	病羊步样不稳，摇摇欲倒，卧地不起，口流白沫；呼吸困难，头颈伸直，张口喘气；眼结膜紫红，肌肉抽搐，心跳加快，体温下降，腹疼，神志不清，甚至昏迷，瞳孔散大，最后窒息死亡；死后血液鲜红血凝不良，口腔内有带血泡沫，气管和支气管出血	预防：防止吃高粱、玉米幼苗治疗：5%～10%硫代硫酸钠溶液50～100毫升静注；硫代硫酸钠3～5克，加水内服
有机磷中毒	有机磷	见以神经症状为主的羊病	见以神经症状为主的羊病

127 引起羊以腹胀为主要症状的疾病有哪些？

引起羊以腹胀为主要症状的疾病主要有瘤胃积食、瓣胃阻塞、急性瘤胃臌气、前胃弛缓、羊快疫、羊肠毒血症等病，其区别见表8-7。

表8-7　以腹胀为主的羊病

病名	病因病原	主要特点	防　治
瘤胃积食	过食不易消化饲料	发病较快，采食反刍停止，初不断嗳气，后嗳气停止，腹痛摇尾，后蹄踢腹，拱背，咩叫，回头看腹，起卧不安，打滚，常呈右侧卧；左侧腹明显增大，触诊感觉瘤胃内容物或呈面团状，有压痕，或充盈坚实；瘤胃蠕动减弱或无蠕动；严重时，黏膜发紫，呼吸困难，脉搏加快，步态不稳，倒卧昏迷，但体温正常；羊过食谷物发生酸中毒时瘤胃松软积液，有拍水感	防治：先禁食1～2天同时进行治疗，液状石蜡100～150毫升、硫酸镁50毫升，口服；补液盐100克，加水1 000毫升灌服；50%碳酸氢钠100毫升加入5%葡萄糖200毫升中，静注；呼吸和心衰时，尼可刹米2毫升，肌内注射；严重时，切开瘤胃取出内容物

（续）

病名	病因病原	主要特点	防治
瓣胃阻塞	饲喂不当	病初症状与前胃弛缓相似，瘤胃蠕动音减弱，瓣胃蠕动音消失，此时可继发瘤胃臌气及积食；在病羊右侧第七至第九肋间肩关节水平线上下，触压瓣胃，疼痛不安；初粪便干少色暗，后期停止排粪；若病程延长，则体温升高，呼吸、心跳加快，全身衰弱，卧地不能站立最后死亡	防治：将25％硫酸镁液30～50毫升，液状石蜡100毫升，分别注入瓣胃内；第2天重复一次；用10％氯化钠50～100毫升，10％氧化钙10毫升，5％葡萄糖生理盐水150～300毫升，混合静注瓣胃软化后，皮下注射0.1％氨甲酰胆碱0.2～0.3毫升
急性瘤胃臌气	采食过量易发酵饲料	病羊表现不安，回顾腹部，拱背伸腰，肷窝突起，有时肷窝向外突出高于髋节或背中线；反刍和嗳气停止，触诊腹部紧张性增加，叩诊呈鼓音，听诊瘤胃蠕动音减弱；黏膜发绀，心率增快，呼吸困难，严重者张口呼吸，步态不稳，如不及时治疗，迅速发生窒息或心脏麻痹而死亡	防治：瘤胃穿刺放气；放气后，用鱼石脂5～8克，松节油10～11毫升，酒精15～20毫升，混合加水适量，一次内服；食醋50毫升，植物油100毫升，加水适量，一次灌服
前胃弛缓	粗硬难消化饲料	急性：食欲废绝，反刍停止，瘤胃蠕动减弱或停止；瘤胃内容物腐败发酵，产生多量气体，左腹增大叩触不坚实。慢性：精神沉郁，倦怠无力，喜卧地；被毛粗乱；体温、呼吸、脉搏无变化，食欲减退，反刍缓慢，瘤胃蠕动力减弱，次数减少	治疗：饥饿疗法或禁食2～3次，然后供给易消化的饲料；成年羊用硫酸镁20～30克或人工盐20～30克，液状石蜡100～200毫升，番木鳖酊2毫升，大黄酊10毫升，加水500毫升，一次灌服；10％氯化钠20毫升，生理盐水100毫升，10％氯化钙10毫升，混合后一次静脉注射
羊快疫	腐败梭菌	见以突然死亡为特征的羊病	见以突然死亡为特征的羊病
羊肠毒血症	D型魏氏梭菌	见以突然死亡为特征的羊病	见以突然死亡为特征的羊病

128 引起羊以口唇异常为特征的疾病有哪些？

引起羊以口唇异常为特征的疾病主要有口蹄疫、羊传染性脓疱病、口炎、坏死杆菌病、羊痘等病，其区别见表8-8。

表8-8 以口唇异常为特征的羊病

病名	病因病原	主要特点	防治
口蹄疫	口蹄疫病毒	本病以口腔和蹄部皮肤发生水疱和溃烂为特征，病羊体温升高，精神不振，食欲下降；病变皮肤出现红斑，很快形成丘疹，少数形成脓疱，然后结痂，痂皮逐渐增厚、干燥、呈疣状，最后痂皮脱落而痊愈	防治：定期给羊注射口蹄疫疫苗；引进种羊时应严格检疫，隔离观察；病羊无特效药治疗，应就地扑杀
羊传染性脓疱病	传染性脓疱病毒	唇型先在口角和上唇发生散在的小红斑点，很快形成高粱粒大小的小结节，继而形成水疱和脓疱，破溃后形成黑褐色硬痂，严重病例，丘疹、脓疱、痂垢互相融合，整个口唇周围及颜面部，形成大面积龟裂、易出血的污秽痂垢；蹄型是在蹄叉、蹄冠或系部皮肤形成水疱和脓疱，破裂后形成由脓覆盖的溃疡，病羊跛行；外阴型是在阴唇附近皮肤、乳房、阴囊、脐部等处见脓疱、溃疡、烂斑和痂垢	预防：流行区进行疫苗接种，严格检疫 治疗：先用0.1%高锰酸钾液或5%硼酸液洗患部，然后用5%碘甘油或5%土霉素软膏涂抹患部，每天1~2次
口炎	外伤营养不良	口腔黏膜表层或深层发炎，表现口腔黏膜充血、肿胀、出血和溃疡（主要在齿龈和舌根），甚至糜烂，口腔温度增高，有腐败臭味，病羊疼痛、流涎，采食障碍，日渐消瘦	治疗：3%硼酸水、0.1%高锰酸钾水冲洗口腔；用碘甘油或龙胆紫抹患部，每天3~4次；用冰硼散（冰片3克、硼砂9克、青黛12克，研细）2~3克，吹入羊口腔内每天2次
坏死杆菌病	坏死杆菌	常侵害蹄部，引起腐蹄病，初呈跛行，多为一肢患病，蹄间隙、蹄踵和蹄冠开始红、肿、热、痛，而后溃烂，挤压肿烂部有发臭的脓样液体流出，严重时可波及腱、韧带和关节，有时蹄匣脱落；绵羊羔可发生唇疮，在鼻、唇、眼部，甚至口腔发生小结节和水疱，随后成棕色痂块	治疗：首先清除羊腐蹄坏死组织，用食醋、3%来苏儿或1%高锰酸钾液冲洗，然后用抗生素软膏涂抹，患部绷带包扎；可用磺胺嘧啶、土霉素全身治疗

（续）

病名	病因病原	主要特点	防　治
羊痘	痘病毒	病羊初期体温升高至 40～42 ℃，精神沉郁，食欲减退或废绝，眼结膜潮红、流泪，1～4 天后，在皮肤无毛或少毛处，如眼周围、唇、鼻翼、颊、四肢和尾的内面、阴唇、乳房、阴囊及包皮上出现圆形红色斑疹，几天后，形成褐色痂皮	预防：每年春、秋定期注射羊痘疫苗，每只 5 毫升，皮下注射 治疗：用碘酊或紫药水涂抹皮肤上的痘疹；用 0.1% 高锰酸钾水冲洗黏膜上的病灶后，再涂碘甘油或紫药水

129 怎样区别羊感冒、肺炎和急慢性支气管炎？

感冒、肺炎、急慢性支气管炎是呼吸系统的常见疾病，但处理不当对羊只的危害却有很大的差别。其区别见表 8-9。

表 8-9　感冒、急慢性支气管炎、肺炎病的区别及防治

病名	病因	主要临床症状及相关特点	防　治
感冒	管理不当，气候突变等原因使羊只受到寒冷刺激而引起。如夏秋季节天热羊出汗后又赶到风较大处，或冷雨淋浇、寒夜露宿，或剪毛后天气突然变冷等都会引起感冒	感冒一年四季均可发生，以早春和晚秋气候多变季节较为常见，无传染性。症见鼻流清涕、羞明流泪、呼吸加快、体表温度不均，耳尖、鼻端和四肢末端发凉，继而体温升高，鼻黏膜充血、肿胀，鼻塞不通，初流清涕，患羊鼻黏膜发痒，不断喷嚏，并在墙壁、饲槽擦鼻止痒。以后变为黏液性、脓性鼻液，常发咳嗽。背毛竖立，畏寒怕冷，拱腰战栗，食欲减退，一般如能及时治疗，可很快痊愈，否则，容易继发支气管炎甚至肺炎	预防：注意天气变化，做好防寒保暖工作，冬季羊舍门窗、墙壁要封严，防止冷风侵袭。夏季要预防汗后吹风淋雨 治疗：以解热镇痛、祛风散寒为主。①肌内注射复方氨基比林 5～10 毫升，或 30% 安乃近 5～10 毫升，或复方奎宁、穿心莲、柴胡、鱼腥草等注射液。②为防止继发感染，可与抗生素药物同时应用。复方氨基比林 10 毫升、青霉素 160 万单位、硫酸链霉素 100 万单位，加蒸馏水 10 毫升，分别肌内注射，日注 2 次。当病情严重时，也可静脉注射青霉素 160 万单位×4 支，同时配以皮质激素类药物，如地塞米松等治疗

（续）

病名	病因	主要临床症状及相关特点	防　治
急慢性支气管炎	原发性：①受寒感冒引起。②吸入刺激性较强的气体。③误吞或误灌液体或固体入气管中。④某些传染因素和寄生虫的侵袭。⑤圈舍卫生条件差，通风不良，闷热潮湿及维生素A缺乏等营养价值不全的饲料等均为支气管炎的发生病因和诱因。 继发性：①流行性感冒、羊痘等传染病的经过中。②邻近器官炎症的蔓延，如喉炎、肺炎以及胸膜炎等，由于炎症蔓延的结果，从而继发气管炎	支气管炎按病程可分为急性和慢性支气管炎两种 急性支气管炎主要症状是咳嗽。病初咳嗽为短、干并带有疼痛的表现。3～4天后咳嗽变为湿咳而连续咳嗽，并经常发作，有时咳出痰液。痰液为黏液性或黏脓性，呈灰白色，有时带有黄色，由两侧鼻孔流出。触诊喉头或气管，会引起持续的咳嗽，且声音高朗 全身症状一般轻微，体温正常或稍升高0.5～1℃，呼吸增数。重剧性的支气管炎，病羊表现精神委靡、嗜睡、食欲大减，且有重剧性全身症状 X射线检查，肺部有较粗的肺纹理支气管阴影，但无炎症病灶 慢性支气管炎为支气管黏膜长期的、持续数月甚至数年的炎症过程。是以支气管壁结构的变化和持续的咳嗽为特征。特别在早晚进出羊舍，饮水采食，稍微运动以及气候剧变时，常常引起剧烈的咳嗽。人工诱咳阳性。痰量不多，有时混有少量血液。病羊一般体温正常，当支气管狭窄和肺泡气肿时，则出现呼吸困难，特别是在运动时呼吸困难表现更为严重。此外，由于长期的食欲不振和疾病的消耗，身体逐渐消瘦，间有贫血现象 X射线检查，肺部的支气管阴影增厚而延长	预防：加强饲养管理，保持羊舍清洁、温暖、通风良好，防止受寒感冒，给予易消化的饲料，饮清洁温水，避免机械性或化学性物质的刺激 治疗：加强护理，消除炎症，祛痰止咳 ①消炎。青霉素、链霉素加鱼腥草注射液混合肌内注射；普鲁卡因青霉素行气管注射；10%磺胺噻唑钠注射液或10%磺胺嘧啶钠注射液10～20毫升肌内或静脉注射；四环素0.25～0.5克溶于5%葡萄糖或生理盐水500毫升中静脉注射，1天2次 ②祛痰止咳。氯化铵0.2～2克或酒石酸锑钾0.2～0.5克；复方樟脑酊1～3毫升或复方甘草合剂10～20毫升以及杏仁水2～5毫升灌服，每天1～2次 ③必要时结合抗过敏药剂应用，加服盐酸异丙嗪25～50毫克或扑尔敏12～16毫克 ④中药疗法。外感风寒引起者服用紫苏散；外感风热引起者服用桑菊银翘散 ⑤中西药综合疗法。咳嗽流涕浓稠时服用杷叶散；静脉注射磺胺嘧啶，肌内注射醋酸可的松，常可收到良好效果 ⑥螺旋霉素4片、感冒通3片、复方甘草片6片内服，每天3次，效果良好 慢支的预防和治疗与急性基本相同。但要先稀释黏性渗出物，可用蒸气吸入法和祛痰剂。采用克辽林、来苏儿、过氧乙酸、薄荷脑、麝香草酚等反复施行蒸气吸入，有良好效果。中药疗法，宜益气敛肺，化痰止咳，方用参胶益肺散

（续）

病名	病因	主要临床症状及相关特点	防　治
肺炎	①感冒护理不周发展而来；②气候剧烈变化应激发生；③羊抵抗力下降条件性致病菌的侵入；④异物入肺造成异物性肺炎；⑤肺部有寄生虫寄生或损伤；⑥其他疾病后继发本病	初发病时，精神迟钝，食欲减退，体温上升达40℃，寒战，呼吸加快。心悸亢进，脉搏细弱而快，眼、鼻黏膜变红，鼻无分泌物，常发干而痛苦的咳嗽音。以后呼吸愈见困难，表现喘息，终至死亡。死亡常在1周左右，死亡率的高低不定 　　X射线检查肺部有散在性阴影病灶	预防：加强耐寒锻炼防止感冒，出汗后防止受寒冷、风、雨、潮湿、过堂风的袭击。加强饲养管理，喂给营养丰富易于消化的饲料。圈舍要通风透光，保持空气新鲜清洁，冬季保暖防寒，炎夏防暑。对于由某些传染病或寄生虫引起的肺炎，要及时根除病因 　　治疗：加强护理，消除炎症，祛痰止咳，制止渗出，促进渗出物的吸收和排出。具体方案如下： 　　①青霉素每千克体重2万～4万单位，每日肌内注射2次，链霉素每千克体重2万单位，每日肌内注射2次，同青霉素一起肌内注射，同时配以清热解毒针剂或解热镇痛针剂。青霉素、链霉素可用注射用水或灭菌生理盐水溶解 　　②5%恩诺沙星注射液，每千克体重0.1～0.2毫升，每天肌内注射2次 　　③10%葡萄糖500毫升，双黄连每千克体重60毫克，以不超过1.2%的药物静脉注射效果良好，严重病例再配以地塞米松效果更好 　　④10%葡萄糖500毫升，10%磺胺嘧啶钠每千克体重0.07克，5%氯化钙20～100毫升静脉注射，严防漏入皮下 　　⑤杀菌先1～2毫升肌内注射，每天2次 　　⑥治喘灵1毫升肌内注射，每天2次 　　⑦复方樟脑酊5毫升、止咳糖浆30毫升、小苏打0.3克×10片、磺胺嘧啶0.5克×8片，成年羊加水1次内服，日服3次 　　⑧氯化铵0.1克×2片、杏仁水10毫升、远志酊10毫升、磺胺嘧啶乳50毫升，加水一次内服 　　⑨普鲁卡因青霉素10万单位加生理盐水10～20毫升气管内注入 　　⑩中药麻杏石甘汤灌服

130 羊群四季保健措施有哪些？

羊群常年的保健措施如下：

第一季度（1～3月）：羔羊注射亚硒酸钠，出生后第1周注射第一次，间隔3～4周注射第二次，断奶后注射口蹄疫疫苗。以预防白肌病和口蹄疫。

第二季度（4月）：给全部羊内服别丁（硫双二氯酚），剂量按每千克体重100毫克计算，加入精饲料中自食以驱除绦虫。

第二季度至第三季度（5～7月）：口服猪型二号布鲁氏菌疫苗，每只羊2毫升，用橡皮管注入口内，预防布鲁氏菌病。

第三季度（9月）：内服驱虫净或左旋咪唑，驱除肺线虫。

第四季度（10月）：注射三联疫苗，每只羊5毫升，皮下或肌内注射，预防肠毒血症。不分季节和月份，及早发现和隔离假结核羊，并及时处理成熟的假结核病灶、控制假结核，达到最终消灭本病的目的。

参 考 文 献

曹宁贤，张玉换，2008. 羊病综合防控技术 [M]. 北京：中国农业出版社.

弗雷萨，1997. 默克兽医手册 [M].7 版. 北京：中国农业大学出版社.

卢国光，1988. 实用兽医经验汇编 [M]. 长春：吉林科学技术出版社.

内蒙古农牧学院，安徽农学院，1978. 家畜解剖学 [M]. 上海：上海科学技术出版社.

内蒙古农牧学院，华南农业大学，1983. 家畜病理学 [M]. 北京：农业出版社.

欧阳雅连，徐泽君，晁先平，2009. 羊病防治实用新技术 [M]. 郑州：河南科学技术出版社.

山西农学院，1980. 兽医学 [M]. 北京：农业出版社.

吴清明，2002. 兽医传染病学 [M]. 北京：中国农业大学出版社.

殷震，刘景华，1997. 动物病毒学 [M]. 北京：科学出版社.

于匆，1999. 最新实用兽医手册 [M]. 北京：中国农业科技出版社.

于大海，崔砚林，1997. 中国进出境动物检疫规范 [M]. 北京：中国农业出版社.

张树方，2005. 现代羊场兽医手册 [M]. 北京：中国农业出版社.

图书在版编目（CIP）数据

羊病防控 130 问 / 余远迪，沈克飞，徐登峰主编 . —
北京：中国农业出版社，2020.1（2023.2 重印）
（养殖致富攻略·疑难问题精解）
ISBN 978 - 7 - 109 - 25348 - 3

Ⅰ.①羊⋯ Ⅱ.①余⋯ ②沈⋯ ③徐⋯ Ⅲ.①羊病-
防治-问题解答 Ⅳ.①S858.26 - 44

中国版本图书馆 CIP 数据核字（2019）第 052790 号

中国农业出版社出版
地址：北京市朝阳区麦子店街 18 号楼
邮编：100125
责任编辑：武旭峰
版式设计：王　晨
印刷：中农印务有限公司
版次：2020 年 1 月第 1 版
印次：2023 年 2 月北京第 2 次印刷
发行：新华书店北京发行所
开本：850mm×1168mm　1/32
印张：5.5　插页：4
字数：158 千字
定价：28.00 元

彩图1　握角骑跨夹持保定法

彩图2　双手围抱保定法

彩图3　倒立式保定法

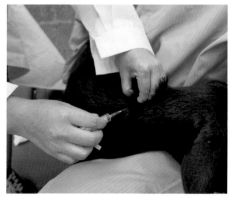

彩图4　颈部皮下注射

彩图5 羊巴氏杆菌病：气管黏膜
弥漫性充血，含大量泡沫

彩图6 羊坏死杆菌病：羊蹄叉坏死

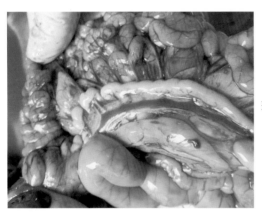

彩图7 链球菌病：肠系膜
淋巴结索状肿

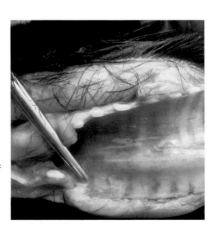

彩图8 引起纤维素性胸膜炎链球菌病：
气管环黏膜出血

彩图9 链球菌病：引起纤维
　　　素性胸膜炎

彩图10 衣原体结膜炎：角膜混浊，
　　　　形成大量云翳

彩图11 羊口疮：早期病羊口腔及舌头
　　　　出现红斑和小结节

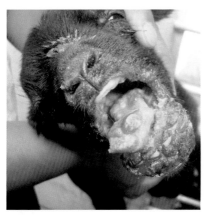

彩图12 羊口疮：后期肉芽组织增生，
　　　　嘴唇肿大外翻

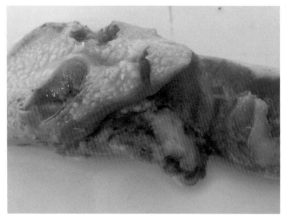

彩图13 羊口疮：后期羔羊舌头严重溃烂

彩图14 羊口疮：母羊外阴部出现红色丘疹

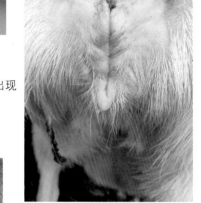

彩图15 羊口疮：母羊乳房局部红肿，有破溃的水疱

彩图16 羊痘：病羊面部出现痘疹

彩图17 羊痘：胃黏膜表面有大小
不等结节（溃疡）

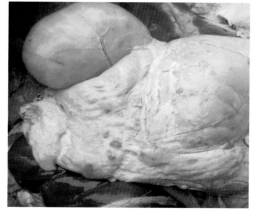

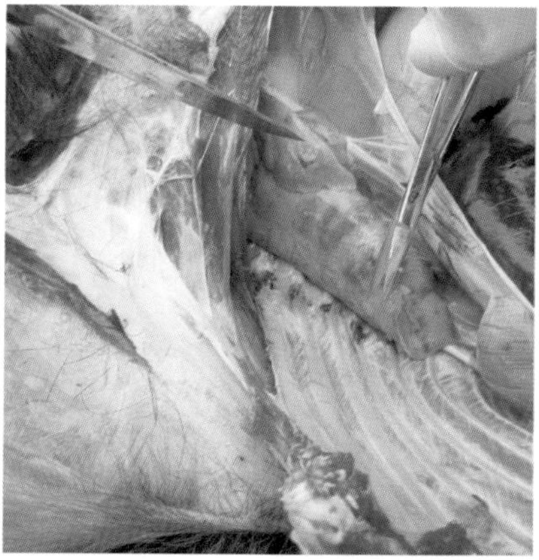

彩图18 羊痘：肺脏出现大量
灰白色结节（痘斑）

彩图19 羊口蹄疫：口唇部出现
溃疡和糜烂

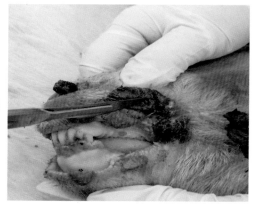

彩图20 羊口蹄疫：羊蹄出现
弥漫性溃疡并结痂

彩图21　小反刍兽疫：肺脏严重出血

彩图22　小反刍兽疫：脾脏局部
　　　　出血性实变

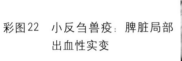

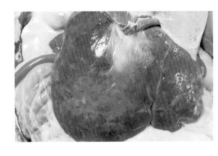

彩图23　羊肝片吸虫病：肝脏肿大，
　　　　包膜纤维沉积

彩图24　羊肝片吸虫病：肝脏胆管中
　　　　堆积大量肝片吸虫

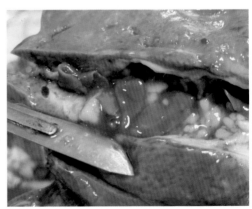

彩图25　前后盘吸虫病：肝脏出现结节

彩图26　脑包虫病原：脑多头蚴

彩图27　羊肺线虫病：肺线虫虫体

彩图28 羊肺线虫病：肺脏苍白，表明可见豆状圆斑，触之硬实

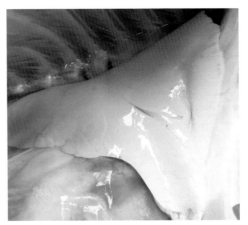

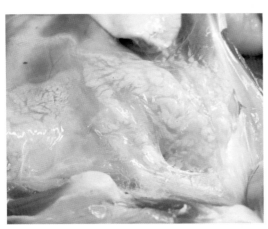

彩图29 羊肺线虫病：慢性消耗性，脂肪处于消耗状态

彩图30 羊肺线虫病：血液透亮、稀薄

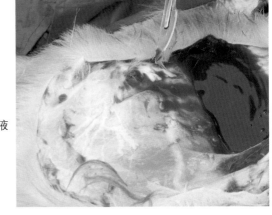